图 1.22　添加变形图钉

图 1.23　最终变形效果

图 2.2　卡通图像

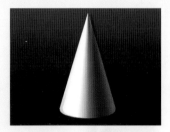

图 2.65　圆锥体效果

图 2.79　炫彩背景效果

图 2.103　图像润色前后对比效果

图 2.119　置换背景效果

图 2.127　羽毛

图 3.1　火焰字效果图

1

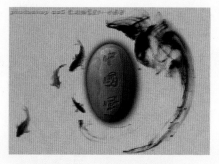

图 3.20　石头刻字效果图

图 4.10　鼠标效果图

图 4.25　最终效果图

图 5.1　金属字效果图

图 5.14　"Dieter Rams：优秀设计的十条准则"海报效果图

图 5.33　"萌宠联盟"印章效果图

图 5.47　CS5 海报效果图

图 6.3　原始图像及效果图

图 6.7　原始图像与效果图

图 6.21　祛斑前后效果对比

知识创造未来

图 6.32　知识创造未来效果图

图 6.45　幻彩花朵效果图

图 7.4　数码相片颜色调整前后的对比效果

图 7.15 偏色图像调整前后的对比效果

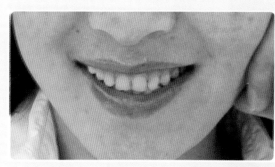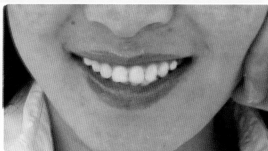

图 7.19 牙齿美白前后的对比效果

图 7.28　逆光照片的校正前后效果对比

图 7.35　严重偏色图像的校正效果对比

5

（A）原图

（B）去色命令

（C）渐变映射命令

（D）黑白命令

图 7.47　3 种无色图像的转换

图 7.52　给黑白图片上色前后效果对比

图 8.1　液化效果对比图

图 8.8　消失点效果对比图

图 9.1　图片反冲效果图

图 10.1　鼠绘人物效果图

图 10.27　咖啡包装设计效果图

图 10.47　咖啡包装设计效果图

图 10.84　无绳电话最终效果图

21 世纪全国高职高专计算机系列实用规划教材

Photoshop CS5 图形图像处理案例教程 (第 2 版)

主　编　李　琴

副主编　王海峪　高晨晖

　　　　刘广博　刘　为

北京大学出版社

PEKING UNIVERSITY PRESS

内 容 简 介

本书是高等院校数字设计系列教材之一,是指导初学者或大中专院校学生学习 Photoshop 的基础类教程。本书从实用的角度出发,本着高校培养"应用型、技能型"人才这一培养目标,一改传统教学模式,充分考虑各高校设计类专业的教学特点。首先,以一个个生动的案例引导出理论知识点,诱发学生的学习兴趣;然后,通过知识点的讲解,使学生对知识点有一个全面的了解;最后,通过详细的案例剖析讲解,使学生的动手能力得到训练,理论知识得到进一步巩固。

本书的每个章节均采取案例驱动的教学模式,全面介绍 Photoshop CS5 的功能和特点。全书分为 10 章,第 1～9 章主要介绍 Photoshop CS5 的图像处理基础知识、基本图形图像处理工具、图层、路径、文字工具、通道和蒙版、图像色彩调整、滤镜、批处理与 Web 图像设计;第 10 章是综合实训部分,通过对4 个大型的综合案例的详细剖析和讲解,使学生将前面所学知识系统化地加以应用。附录则提供了各种常用的快捷菜单命令及快捷键。

本书既适合高等院校数字设计专业的初、中、高级用户使用,也可以作为培训班的教材和图形图像设计爱好者自学的参考书。

图书在版编目(CIP)数据

Photoshop CS5 图形图像处理案例教程/李琴主编. —2 版. —北京:北京大学出版社,2014.10

(21 世纪全国高职高专计算机系列实用规划教材)

ISBN 978-7-301-24919-2

Ⅰ. ①P…　Ⅱ. ①李…　Ⅲ. ①图像处理软件—高等职业教育—教材　Ⅳ. ①TP391.41

中国版本图书馆 CIP 数据核字(2014)第 228576 号

书　　　　名:Photoshop CS5 图形图像处理案例教程(第 2 版)
著作责任者:李　琴　主编
策 划 编 辑:李彦红
责 任 编 辑:李瑞芳
标 准 书 号:ISBN 978-7-301-24919-2/TP · 1348
出 版 发 行:北京大学出版社
地　　　　址:北京市海淀区成府路 205 号　 100871
网　　　　址:http://www.pup.cn　新浪官方微博:@北京大学出版社
电 子 信 箱:pup_6@163.com
电　　　　话:邮购部 62752015　发行部 62750672　编辑部 62750667　出版部 62754962
印 刷 者:北京大学印刷厂
经 销 者:新华书店
　　　　　　787 毫米×1092 毫米　 16 开本　 16.75 印张　彩插 4　 393 千字
　　　　　　2009 年 1 月第 1 版
　　　　　　2014 年 10 月第 2 版　 2019 年 2 月第 2 次印刷
定　　　　价:41.00 元

前　　言

在现代化设计领域中，光靠在纸上手绘图像已经远远不能满足设计需求，为了提高图形图像处理的工作效率，Adobe 公司的图形图像处理软件 Photoshop 在该领域中已经被广泛地使用，并且已经成为设计人员不可缺少的重要工具。每天，全世界都有数以百万计的人们通过 Photoshop 出色的软件方案将其设计思想生动地表达在屏幕和纸张上。

随着计算机技术的普及，运用 Photoshop 软件处理图像不再是专业人士的"专利"，越来越多想从事平面广告或数码照片领域的人士也逐渐加入这一行业中。因此，设计类专业的课程当中，也必不可少地安排了图形图像处理课程，这就要求学生们要非常熟练地掌握 Photoshop 软件的使用方法和技巧，并且能够利用该软件为设计工作很好地服务。

目前市面上的 Photoshop 教材或参考书层出不穷，主要可以分为两大类。第一大类是理论型教材，主要以详细的理论讲解为主，在讲解知识点的同时穿插一些简单案例，其优点是可以给学生打下扎实的理论基础。但是，由于案例整体比较简单、综合大型案例练习的机会比较少，会造成学生的知识系统性比较弱。另一大类是案例型教材，主要以大型的案例为主，注重学生的动手能力培养，在讲解案例的同时穿插一些知识点，其优点是通过案例教学，加强学生整体思维能力的培养，但是缺点也很明显，学生的理论基础比较薄弱，能力的提升和拓展速度比较缓慢。

正因为如此，编写一本可以让读者产生浓厚兴趣，理论知识与案例相结合的好教材就显得更为重要。

关于本课程

Photoshop 图形图像处理作为计算机应用的一大分支，在各行各业有着广泛的应用。它是从事平面广告设计、包装设计、新闻排版编辑、网页制作、图文印刷、动漫、游戏制作等工作的必备基础课，也是提高学生审美能力、创新能力、设计能力的计算机应用软件的典型课程。

本课程的主要任务是培养学生的平面图像处理技术的应用能力，使学生了解计算机平面图像处理的基本操作方法和制作技能，理解图像处理的基本原理和方法，培养学生图形制作和图像处理的基本知识和技能，并在操作软件的过程中，深入挖掘这些工具背后隐藏的技巧，培养学生的创造性思维，引导学生有效地学习，最终能够熟练运用软件进行规范化的、具有创意的设计，为将来在各种设计岗位工作打下扎实的基础。

关于本书

基于案例教学过程的思考和实践，本书借鉴了传统两大类教材的编写优点，改变了传统的讲授模式。为突出"做中学、做中教、知行合一"的课程特色，本书采用案例教学法结合项目实践法，优化学生学习过程，激发学生学习热情，提高学生实践操作能力。

采用任务驱动的模式，每一个章节都是先以一个案例任务切入，然后提出问题、分析问题，直至解决问题。在分析问题以后，引导学生主动思考寻找解决问题的办法，然后有的放矢地讲解制作案例需要的相应知识点，最后对案例的制作过程进行详细的剖析，提升和巩固知识点。在本书的最后一章还设置了几个大型的综合案例，进一步梳理之前章节的知识点，加强学生自主解决问题的能力。经过这一系列的强化训练，不仅给学生讲授了一些软件的使用方法，同时还教会了学生遇到问题、分析并解决问题的方法，真正实现综合应用的目的。

本书主要特色如下。

(1) 以知识点设计案例。提出知识点，分解知识点，有明确的目的，针对性强。

(2) 重点突出。选择有代表性的案例，把握重点知识的掌握和应用。

(3) 相关知识的有机结合。将设计思想、工具的选择、操作的方法与技巧相结合。

(4) 注意新方法、新技术的应用。

(5) 处理好具体实例与思想方法的关系，局部知识应用与综合应用的关系。

(6) 强调实用性，培养应用能力。

本书每章的结构模式都以"案例剖析→相关知识及注意事项→操作步骤"进行组织，每章均包含多个案例，并配有相应的习题。通过强化案例和实训教学的"操作题"，可加深学生对理论知识的进一步理解。最后通过几个大型案例进一步加强学生的操作能力。

如何使用本书

本书建议课程安排为 48～64 课时，其中，理论教学与实验教学之比为 1：1.5。教师可根据不同的使用专业灵活安排学时。任课教师教学过程中建议采用启发式案例教学法，注重培养学生的创新思维能力。

建议本书配合《Photoshop 照相馆的故事》(雷波主编. 北京：中国电力出版社，2011)一起使用，教学/学习效果更佳。

本书配套资源

本书配套资源包括电子课件、习题答案、案例图像素材，可在北京大学出版社第六事业部网站(http://www.pup6.com)上下载。也可以关注该网站的动向，参与或分享网站资源的精彩。

推荐阅读书目

1. 雷波. Photoshop 照相馆的故事[M]. 北京：中国电力出版社，2011.

2. 徐秋枫. 平面美术设计基础[M]. 北京：人民邮电出版社，2005.

3. Johannes Itten. *The Art of Color*, John Wiley & Sons，1997.

4. Alexander W.White. *The Elements of Graphic Design*, Allworth Press，2002.

5. 案例视频　Photoshop 视频教学实例集，http://www.webjx.com

6. 案例资源　PS 联盟，www.68PS.com

本书编写队伍

本书由辽宁师范大学李琴担任主编，由辽宁轻工职业学院的王海峪、宁波工程学院的高晨晖、北京师范大学珠海学院的刘广博、北京理工大学珠海学院的刘为担任副主编。其中，第 2 章和第 6 章由李琴编写；第 4 章、第 8 章由王海峪编写；第 1 章和第 7 章由高晨晖编写；第 3 章和第 5 章由刘广博编写；第 9 章由刘为编写；第 10 章由王海峪、刘广博、刘为合作编写；附录由刘广博编写。全书由李琴负责统稿。

　　本书在编写过程中，还参考和引用了一些优秀的案例和文献资料，吸收和听取了国内外许多专业人士的宝贵经验和建议，取长补短。在此谨向对本书编写、出版提供过帮助的人士表示衷心的感谢！

　　由于编者水平有限，编写时间仓促，书中难免有疏漏之处，恳请广大读者批评指正，以使本书得以改进和完善。您的宝贵意见请反馈到信箱 liqin79727@hotmail.com。

编　者

2014 年 5 月

目　　录

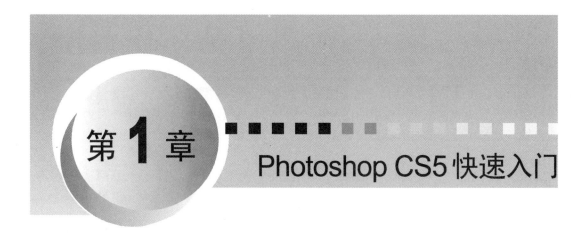

第1章　Photoshop CS5 快速入门

教学目标

本章主要介绍 Photoshop 软件的安装方法；软件性能的优化设置；工作区的定制及快捷键的定义等。通过本章内容的学习，能够快速认识和初步了解 Photoshop CS5 软件。

教学要求

知识要点	能力要求	关联知识
Photoshop 基本概念	文件格式、色彩模式、基本概念	图层、色彩模式
优化性能设置	正确设置 Photoshop 暂存盘与内存占有量	暂存盘
定制工作区、定义快捷键	工作区选择、显示参考线、使用快捷键等	工作区、参考线、快捷键
Photoshop CS5 新特性	Photoshop CS5 新增功能和特性	新增工具、命令

1.1 概　　述

Adobe 公司成立于 1982 年，是美国最大的个人计算机软件公司之一，为包括网络、印刷、视频、无线和宽带应用在内的泛网络传播(Network Publishing)提供了一系列优秀的解决方案。该公司所推出的图形和动态媒体创作工具能够让使用者创作、管理并传播具有丰富视觉效果的作品。

Adobe 公司于 2004 年推出 Adobe Creative Suite 软件工具包，它是由一系列软件共同组成的媒体制作的软件工具包，Photoshop 是其中最重要的组成之一。自此，继 Photoshop 7.0 版本之后，软件版本的称呼不再延续数字的排序方式，而是采用了工具包 "Creative Suite" 的英文缩写"CS"。更新至目前的 Photoshop CS5 可以帮助用户创建出更具有影响力的图像。轻松完成复杂选择，删除任何图像元素，神奇般地填充区域；实现逼真的绘图；借助最新的摄影工具创建出令人赞叹的 HDR 图像、删除杂色、添加粒状和创建晕影；体验 64 位系统中的卓越性能，等等。

早期的 Photoshop 界面如图 1.1 所示，Photoshop CS5 的界面如图 1.2 所示。

图 1.1　Photoshop 1.0 界面　　　　　图 1.2　Photoshop CS5 界面

Photoshop CS5 的系统资源配置

Photoshop CS5 的高度智能化，使得很多以前需要手工做的事现在基本一个工具就可以搞定，为设计工作者带来了极大的方便，但是，新的 Photoshop CS5 对电脑要求到底如何？是不是要很高的硬件支持？

Photoshop CS5 的系统资源配置要求如下。

(1) Intel Pentium 4 或 AMD Athlon 64 处理器。

(2) Microsoft Windows XP(带有 Service Pack 3)；Window Vista Home Premium、Business、Ultimate 或 Enterprise(带有 Service Pack 1，推荐 Service Pack 2)；或 Windows 7。

(3) 1GB 内存。

(4) 1GB 可用硬盘空间用于安装；安装过程中需要额外的可用空间(无法安装在基于闪存的可移动存储设备上)。

(5) 1024×768 屏幕(推荐 1280×800)，配备符合条件的硬盘加速 OpenGL 图形卡、16 位颜色和 256MB VRAM。

(6) DVD-ROM 驱动器。

(7) 多媒体功能需要 QuickTime 7.6.2 软件。

(8) 在线服务需要 Internet 连接。

1.2　Photoshop CS5 工作环境

案例说明

　　本案例主要通过对工作区的设置，使读者可以更得心应手地运用 Photoshop 进行图像的设计操作。

1.2.1　相关知识及注意事项

　　执行【开始】|【程序】|Photoshop CS5 命令，便可启动该软件。启动后，屏幕上会打开一个窗口，该窗口就是 Photoshop CS5 的工作区。Photoshop CS5 的界面在以往版本的基础上做了新的调整，整个界面呈银灰色，标题栏处新增添了一排工具和文档排列按钮，浮动面板以最小化显示排列在操作界面的右方，扩大了工作区，方便用户编辑。Photoshop CS5 新增了可折叠的工作区切换器，在用户喜欢的界面配置之间实现快速转换，如图 1.3 所示。

图 1.3　Adobe Photoshop CS5 的工作环境

应用程序栏：应用程序栏是 Photoshop CS5 新增的选项按钮和工作区，其中包含【启动 Bridge】按钮 、【启动 MiniBridge】按钮 、【查看额外内容】按钮 、【缩放级别】按钮 100% 、【排列文档】按钮 、【屏幕模式】按钮 、【选择工作区】按钮 。

菜单栏：菜单栏包括执行任务的菜单。Photoshop CS5 共有 11 组菜单，每个菜单有数十个命令，新版的菜单栏还新增了 3D 菜单。

工具选项栏：在工具箱中选取的工具会在工具选项栏出现不同的选项。

工具箱：工具箱汇集了该软件的所有工具，用户可根据需要选择工具使用。

面板：面板汇集了图形操作中常用的选项或功能，一共有 23 个面板，进行图像编辑时，选择工具箱的工具或执行菜单栏命令，即可调出相应面板进行编辑。

图像窗口：图像窗口提供了当前打开图像的相关信息。

状态栏：状态栏显示当前打开图像的大小及图像显示比例等信息。

1.2.2 操作步骤

(1) 打开 Photoshop CS5 程序，执行【窗口】|【工作区】|【设计】命令，打开系统默认的设计工作区，如图 1.4 所示。

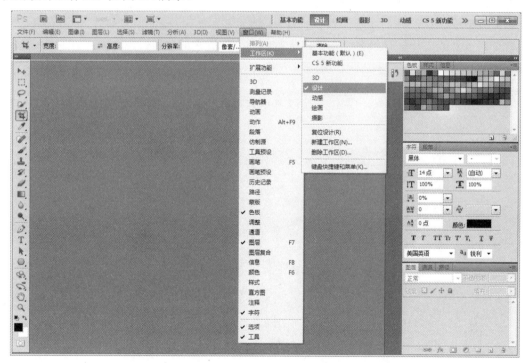

图 1.4 默认的设计工作区

(2) 用户可以根据设计需要选择工作区的基本配置，通常将"历史记录"面板和"图层"面板放在一起，将"画笔"面板显示出来，方便设计图像的时候选择不同的画笔形状，如图 1.5 所示。

图 1.5　设置好的设计工作区

1.3　Photoshop CS5 性能优化

案例说明

本案例主要通过对 Photoshop 中首选项的设置，来提高 Photoshop 的运行速度。

1.3.1　相关知识及注意事项

1. 暂存盘

如果当前的操作系统没有足够的内存来执行某个操作，则 Photoshop 将使用一种专有的虚拟内存技术，也称为暂存盘。暂存盘是任何具有空闲内存的驱动器或驱动器分区。默认情况下，Photoshop 将安装了操作系统的硬盘驱动器作为主暂存盘。如果机器本身存在多个硬盘分区，则需要改变暂存盘设置。

Photoshop 将检测所有可用的内部磁盘并将其显示在"首选项"对话框中。使用"首选项"对话框可以在主磁盘已满时启用其他暂存盘。

指定暂存盘的原则如下。

(1) 主暂存盘磁盘应该是最快的硬盘，并确保它具有经过碎片整理的足够可用的空间。

(2) 为获得最佳性能，不要将暂存盘设置在要编辑的大型文件所在的驱动器上。

(3) 暂存盘应位于用于虚拟内存的驱动器以外的其他驱动器上。

2. 快捷键

快捷键是一种提高软件操作速度的方法。Photoshop 为一些常用的命令配置了快捷键,用户可以根据自己的需要为那些没有配置快捷键的命令添加快捷键。具体的方法如下。

执行【编辑】|【键盘快捷键】命令,打开该命令的对话框,如图 1.6 所示。在【快捷键用于应用程序菜单】下找到要设置快捷键的菜单命令并单击。直接在键盘上按下要采用的组合键。单击【确定】按钮即可。

图 1.6 定义快捷键

注意:如果系统出现黄色惊叹号提示,则表明该快捷键定义冲突。

1.3.2 操作步骤

1. 提高 Photoshop 的运行速度

(1) 执行【编辑】|【首选项】命令,在打开的"首选项"对话框中选择【性能】选项,进行如图 1.7 所示的设置。

(2) 内存使用情况:将设置的百分比调整为 75%~80%。

(3) 暂存盘:单击选中计算机中剩余空间最大的一个或多个硬盘,通过右侧的上下箭头按钮按剩余空间由大至小将它们进行排序,依次调整为第一暂存盘、第二暂存盘等。

注意:首选项设置后,需要重新启动 Photoshop,设置才能生效。

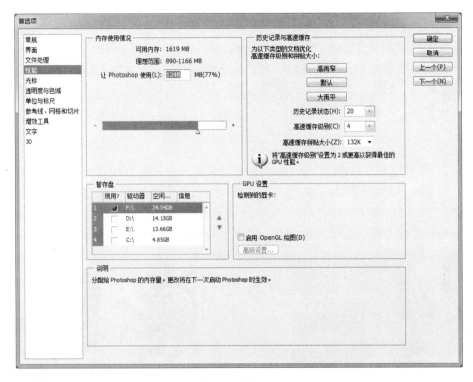

图 1.7　性能设置

2. 调整辅助选项

(1) 在打开的对话框中选择【单位与标尺】选项，将标尺和文字的单位都改为"像素"。

(2) 选择【参考线、网络和切片】选项，在其中可以设置参考线、网络和切片的线条颜色。

(3) 选择【文字】选项，将【以英文显示字体名称】取消，以确保中文字体不使用拼音形式显示。

1.4　Photoshop 图像基础

 案例说明

本案例主要讲解如何运用 Adobe 的帮助系统自主学习 Photoshop 的命令和工具，培养学生的独立学习能力。

1.4.1　相关知识及注意事项

1. 位图与矢量图

1) 位图

位图图像在技术上称为栅格图像，它使用像素来表现图像，每个图像都包含固定数量

的像素。选择缩放工具，在视图中多次单击将图像放大，可以看到图像是由一个个的像素点组成，每个像素都具有特定的位置和颜色值。因此，如果在屏幕上对位图图像进行缩放或以低于创建时的分辨率来打印它们，将丢失其中的细节，并会呈现锯齿状。位图图像最显著的特征就是它们可以表现颜色的细腻层次。基于这一特征，位图图像被广泛用于照片处理、数字绘画等领域，如图 1.8 所示。

2) 矢量图

矢量图是根据几何特性来绘制图形，矢量可以是一个点或一条线，例如一幅画的矢量图形实际上是由线段形成外框轮廓，由外框的颜色以及外框所封闭的颜色决定画面显示出的颜色。矢量图的特点是放大后图像不会失真，与分辨率无关。也就是说，可以将它们缩放到任意尺寸，可以按任意分辨率打印，而不会丢失细节或降低清晰度，适用于图形设计、文字设计和一些标志设计、版式设计等，如图 1.9 所示。

图 1.8　位图图像不同放大级别

图 1.9　矢量图像不同放大级别

2．像素与分辨率

1) 像素

像素(Pixel)是由 Picture(图像)和 Element(元素)这两个单词的字母所组成的，是用来计算数码影像的一种单位，我们若把影像放大数倍，会发现这些连续色调其实是由许多色彩相近的小方点所组成，这些小方点就是构成影像的最小单位"像素"(pixel)。这种最小的图形单元在屏幕上通常显示为单个的染色点。越高位的像素，其拥有的色板也就越丰富，越能表达颜色的真实感。

像素可以用一个数表示，譬如一个"0.3 兆像素"数码相机，它有额定 30 万像素，或者用一对数字表示，例如"640×480 显示器"，它有横向 640 像素和纵向 480 像素，因此其总数为 640×480=307200 像素。

2) 分辨率

分辨率是图像中每单位打印长度上显示的像素数目，通常用像素/英寸(dpi)表示。在Photoshop 中，图像分辨率和像素大小是相互依赖的，图像中细节的数量取决于像素大小，而图像分辨率控制打印像素的空间大小。例如，用户不需要更改图像中的实际像素数据便可修改图像的分辨率，需要更改的只是图像的打印大小，但如果想保持相同的输出尺寸，则需要通过更改图像的分辨率来更改像素总量。

打印时，高分辨率的图像比低分辨率的图像包含的像素更多，因此像素点更小。例如，分辨率为 72dpi 的 1×1 英寸的图像总共包含 5184 个像素(72×72 = 5184)。同样是 1×1 英寸，但分辨率为 300dpi 的图像总共包含 90000 个像素。与低分辨率的图像相比，高分辨率的图像通常可以呈现出更多的细节和更细致的颜色过渡。

注意：提高低分辨率图像的分辨率并不会对图像品质有多少改善，因为那样只是将原来的像素信息扩散到更多的像素中。使用太低的分辨率打印图像会导致像素化，使用太高的分辨率会增加文件大小并降低图像的打印速度。因此，设定图像的分辨率要考虑图像的最终用途，如果图像只是用于屏幕显示，如网页及样品展示，设定在 72dpi 即可；如果是为了喷绘或者印刷，则分辨率设置为 150～300dpi。

3．图层

在 Photoshop 中，图层是 Photoshop 的灵魂，是构成图像的重要组成单位，许多效果可以通过对图层的直接操作而得到。对于图层最形象的理解，可以把它想象为一张张的透明玻璃纸，在 Photoshop 中绘制和处理图像，相当于在一张张透明的玻璃纸上作画，透过上面的玻璃纸可以看见下面纸上的内容，但是无论在上一层如何涂画都不会影响到下面的玻璃纸，上面一层的图像会遮挡住下面的图像。最后将玻璃纸叠加起来，通过移动各层玻璃纸的相对位置或者添加更多的玻璃纸，即可改变最后的合成效果，如图 1.10 所示。

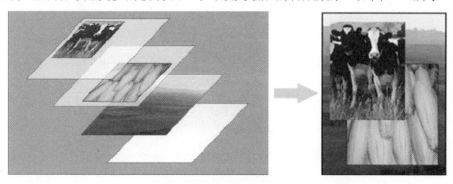

图 1.10　图层合成效果

注意：Photoshop 的图层越多，保存的 PSD 格式文件所占用的空间就越大，所以在完成图像制作后，最好把一些可以合并的图层合并。

1.4.2　操作步骤

(1) 执行【帮助】|【Photoshop 帮助】命令(F1 键)，打开帮助界面，如图 1.11 所示。

(2) 在右侧上面的目录中选择想要查看的内容主题，可以看到 Adobe 的帮助系统对于该部分的详细说明，也可以直接在右上侧和左侧的搜索栏中输入关键字直接搜索，图 1.12 所示是对于【创建动作】命令的搜索结果。

图 1.11　帮助界面

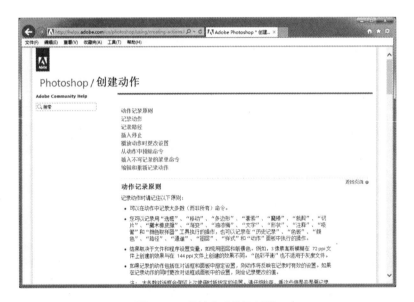

图 1.12　【创建动作】概述

1.5　Photoshop 图像色彩基本概念

案例说明

　　本案例主要通过对图像新建、打开和保存的操作，使读者熟练掌握 Photoshop 的基础操作。

1.5.1　相关知识及注意事项

1.　图像的色彩模式

在 Photoshop 中有位图、灰度、双色调、索引、RGB、Lab、CMYK 等多种色彩模式，它们之间具有某些特定的联系，有时为了输出一个印刷文件或需要对一个图像进行特殊处理时，需要从一个模式转换到另一个模式，下面分别介绍常用的几种色彩模式。

1) RGB 模式

Photoshop 的 RGB 模式是最常用的一种颜色模式，不管是什么形式制作出的图像，基本都是以 RGB 模式储存的，这主要因为保存成该种模式的文件体积较小，而且还可以使用 Photoshop 中所有的命令和滤镜对图片进行处理。

RGB 模式由红(Red)、绿(Green)和蓝(Blue)3 种原色组成。3 种原色混合起来可以达到 16777216 种颜色，也就是人们常说的真彩色。常见的电视机、显示器和部分手机的彩屏就是采用 RGB 颜色模式。对于每个像素，RGB 模式分别为 3 种颜色制定一个 0(黑色)～255(白色)的强度值。例如，亮红色可能 R 值为 246，G 值为 20，B 值为 50。当 R、G、B 3 个颜色值相等时，结果是中性灰色；当 R、G、B 均为 255 时，结果是白色；当 R、G、B 均为 0 时，结果是黑色。

2) CMYK 模式

CMYK 模式是最佳的打印模式，RGB 模式尽管色彩多，但现实中不能被完全打印出来，打印时需要转换成 CMYK 模式。CMYK 代表印刷上用的 4 种颜色，C 代表青色(Cyan)，M 代表洋红色(Magenta)，Y 代表黄色(Yellow)，K 代表黑色(Black)。因为在实际引用中，青色、洋红色和黄色叠加最多不过是褐色，很难形成真正的黑色，因此才引入了黑色，但要和 RGB 颜色中的蓝色区别，所以黑色缩写为 K。黑色的作用是强化暗调，加深暗部色彩。

CMYK 模式是一种颜料模式，在本质上与 RGB 模式没有什么区别，只是产生颜色的方式不同。RGB 为相加混色模式，CMYK 为相减混色模式。例如，显示器采用 RGB 模式，就是因为显示器是电子光束轰击荧光屏上的荧光材料发出亮光从而产生颜色。当没有光的时候为黑色，光线加到最大时为白色。而打印机的油墨不会自己发出光线。因而只有采用吸收特定光波而反射其他光的颜色，所以需要用减色法来解决。C、M、Y、K 在混合成色时，随着 C、M、Y、K 4 种成分的增多，反射到人眼的光会越来越少，光线的亮度会越来越低。

注意：用于印刷的图像用 CMYK 模式编辑虽然能够避免色彩的损失，但运算速度很慢。因此建议先用 RGB 模式进行编辑工作，再用 CMYK 模式进行打印工作，在打印前才进行转换，然后加入必要的色彩校正，锐化和修整，这样可节省很多编辑时间。

3) Lab 模式

Lab 是一种基于人眼视觉原理创立的颜色模式，理论上它概括了人眼所能看到的所有颜色。因为 Lab 模式的色域最宽，所以其他模式置换为 Lab 模式时，颜色没有损失，因此 Lab 颜色是 Photoshop 在不同颜色模式之间转换时使用的中间颜色模式。通道 L：明度通道，

a：深绿——50%灰(中性灰)——亮粉红色，b：亮蓝——50%灰(中性灰)——黄色。这种色彩模式下的色彩混合较 RGB 和 CYMK 模式要亮，喜欢色彩鲜艳和夸张者喜欢在这种模式下来处理图片的色彩。

4) 灰度模式

该模式下的图片有点类似黑白照片，它使用多达 256 级灰度。灰度图像中的每个像素都有一个 0(黑色)～255(白色)的亮度值。灰度值也可以用黑色油墨覆盖的百分比来度量(0%等于白色，100%等于黑色)。使用黑白或灰度扫描仪生成的图像通常以灰度模式显示。

位图模式和彩色图像都可以转换为灰度模式。要将彩色图像转换为高品质的灰度图像，Photoshop 将会放弃原图像中所有的颜色信息，转换后的像素的灰阶(色度)表示原像素的亮度。

5) 索引颜色模式

分配 256 种或更少的颜色来表现一个由上百万种颜色表现的全彩图像称之为索引。索引颜色模式最多使用 256 种颜色。当转换为索引颜色时，Photoshop 将构建一个颜色查找表(CLUT)，用以存放并索引图像中的颜色。如果原图像中的某种颜色没有出现在该表中，则程序将选取现有颜色中最接近的一种，或使用现有颜色模拟该颜色。该模式在印刷中很少使用，但在制作多媒体图片或网页图片上却十分实用，因为这种模式产生的图片所占空间要比 RGB 模式产生的图片小很多。

6) 位图模式

位图模式只有黑色和白色两种颜色，它的每一个像素只包含 1 位数据，占用空间较小。如果要把 RGB 模式图像转换成该种模式,需要先转换成灰度模式,然后再转换为位图模式。

2．图像的基本格式

Photoshop 功能强大，支持几十种文件格式，因此能很好地支持多种应用程序。在 Photoshop 中，它主要包括固有格式(PSD)、应用软件交换格式(EPS、DCS、Flimstrip)、专有格式(GIF、BMP、Amiga IFF、PCX、PDF、PICT、PNG、Scitex CT、TGA)、主流格式(JPEG、TIFF)等。这里只介绍在 Windows 下使用较为普遍的格式。

1) PSD 格式

Photoshop Document(PSD)是 Photoshop 的专用格式。这种格式可以存储 Photoshop 中所有的图层、通道、参考线、注解和颜色模式等信息。在保存图像时，若图像中包含有层，则一般都用 PSD 格式保存。PSD 格式在保存时会将文件压缩，以减少占用磁盘空间，但 PSD 格式所包含图像数据信息较多(如图层、通道、剪辑路径、参考线等)，因此比其他格式的图像文件还是要大得多。

2) TIFF 格式

标签图像文件格式(Tagged Image File Format，TIFF)是一种主要用来存储包括照片和艺术图在内的图像文件格式。它是跨越 Mac 与 PC 平台最广泛的图像打印格式，是一种灵活的位图图像格式，受几乎所有的绘画、图像编辑和页面排版应用程序的支持，而且几乎所有的桌面扫描仪都可以产生 TIFF 图像。TIFF 使用 LZM 无损压缩，大大减少了图像所占空间。

　　TIFF 格式支持具有 Alpha 通道的 CMYK、RGB、Lab、索引颜色和灰度图像以及无 Alpha 通道的位图模式图像。Photoshop 可以在 TIFF 文件中储存图层，但是，如果在其他应用程序中打开此文件，则只能看到拼合后的图像。Photoshop 也可以用 TIFF 格式存储注释、不透明度和多分辨率金字塔数据。

　　3) JPEG 格式

　　联合图形专家组(Joint Photographic Experts Group，JPEG)是平时最常用的图像格式。JEPG 是一个最有效、最基本的有损压缩格式，保留了 RGB 模式图像中的所有颜色信息，它通过有选择地丢弃数据来压缩文件大小，被大多数图形处理软件所支持。

　　如果对图像质量要求不高，但又要求储存大量图片，使用 JEPG 无疑是一个好办法，因此 JEPG 格式的图像被广泛应用于网页中。对于要求进行输出打印的图像，最好不使用 JEPG 格式，因为它是以损坏图像质量而提高压缩质量的。压缩级别越高，得到的图像品质越低。在大多数情况下，"最佳"品质选项产生的结果与原图像几乎无分别。

　　4) GIF 格式

　　GIF 是在 World Wide Web 及其他联机服务上常用的一种文件格式，用于显示超文本标记语言(HTML)文档中的索引颜色图形和图像。GIF 是一种用 LZW 压缩的格式，限定在 256 色以内的色彩，目的在于减少文件大小和缩短数据传输时间。GIF 格式保留索引颜色图像中的不透明度，但不支持 Alpha 通道。如果要使用 GIF 格式，就必须转换成索引颜色模式(Indexed Color)，使颜色数目转为 256 以内。

　　5) BMP 格式

　　BMP(Windows Bitmap)是 DOS 和 Windows 兼容计算机上的标准 Windows 图像格式，这种格式被大多数软件所支持。BMP 格式采用了一种名为 RLE 的无损压缩方式，对图像质量不会产生什么影响，BMP 文件所占用的空间很大。由于 BMP 文件格式是 Windows 环境中交换与图有关的数据的一种标准，因此在 Windows 环境中运行的图形图像软件都支持 BMP 图像格式。

　　6) PDF 格式

　　PDF 是一种电子文件格式，由 Adobe 公司开发而成。由于 PDF 有会忠实地再现原稿的每一个字符、颜色以及图像的优点，越来越多的电子图书、产品说明、公司文告和网络资料等都采用这种格式。

　　7) EPS 格式

　　EPS 文件是目前桌面印刷系统普遍使用的通用交换格式当中的一种综合格式。该格式可以同时包含矢量图形和位图图像，并且几乎所有的图形、图表和页面排版程序都支持该格式。EPS 格式用于在应用程序之间传递 PostScript 语言图片。当打开包含矢量图形的 EPS 文件时，Photoshop 会自动栅格化图像，并将矢量图形转换为像素。

1.5.2 操作步骤

1. 新建打开图像

(1) 执行【文件】|【新建】命令(快捷键 Ctrl+N),打开"新建"对话框。在其中输入文件名称、文件宽度和高度、分辨率大小、颜色模式(RGB 用于电脑显示,CMKY 用于印刷)、背景颜色,如图 1.13 所示。单击【确定】按钮,新建一张背景为白色的图像。

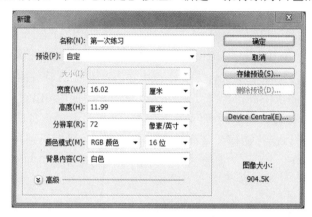

图 1.13 "新建"对话框

提示: 图像用于电脑显示时,分辨率一般设置为 72dpi,用于打印或者喷绘时,分辨率应设置为 150~300dpi。

(2) 执行【文件】|【打开】(快捷键 Ctrl+N)命令,打开"打开"对话框,在其中的"素材"文件夹中选择一幅名为"风景 2.jpg"的图像。单击【打开】按钮,可以在 Photoshop 中打开图像,如图 1.14 所示。

注意: 在工作区双击,或者直接将图像文件拖到 Photoshop 工作区中也可以打开图像。

2. 存储图像

(1) 新建的图像,进行一系列的图像操作以后,执行【文件】|【保存】命令(快捷键 Ctrl+S),打开"存储为"对话框,如图 1.15 所示。选择好希望存储文件的文件夹,在文件名中输入想要存储的文件名称,在格式选择栏中选择希望保存的文件格式,单击【保存】按钮,即可将 Photoshop 中处理的图像保存。

注意: 系统默认的存储格式是 Photoshop 的固有格式——PSD 格式,除图像外它可以保存图层信息等。想要保存其他的格式,必须使用"存储为"。

(2) 如果希望将图像优化用于网页上显示,可以执行【文件】|【存储为 Web 和设备所用格式】命令,打开"存储为 Web 和设备所用格式"对话框,如图 1.16 所示。在【预设】选项中选择希望存储的文件格式,在预览窗口中选择满意的优化结果,单击【存储】按钮,即可将图像保存为 Web 所用格式。

图 1.14　"打开"对话框

图 1.15　"存储为"对话框

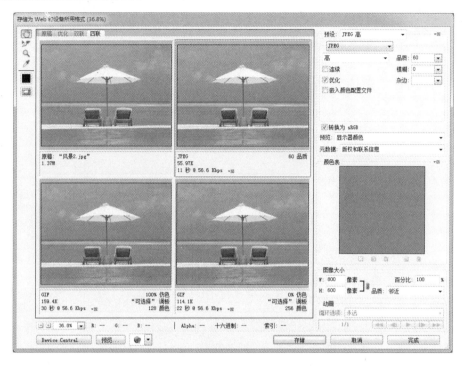

图 1.16 "存储为 Web 和设备所用格式"对话框

1.6 Photoshop CS5 新增和改进功能

 案例说明

本案例主要讲解 Photoshop CS5 中新增的变形操控命令,以便读者更快速地熟悉 Photoshop CS5 的部分新增功能。

1.6.1 相关知识及注意事项

1. 内容识别填充

所谓内容识别,就是当对图像的某一区域进行覆盖填充时,由软件自动分析周围图像的特点,将图像进行拼接组合后填充在该区域并进行融合,从而达到快速无缝的拼接效果。

(1) 打开素材文件夹中名为"天鹅湖.jpg"的图像,使用套索工具 ,选择湖中的天鹅,如图 1.17 所示。

注意:选择的范围不要过大,那样会造成取样点太多,最后修复的效果不理想;选择的范围也不可以过小,如果选择区没有完全包含图像,会导致图像有残留。

(2) 执行【编辑】|【填充】命令,在弹出的"填充选项"对话框中,选择【内容识别】选项,如图 1.18 所示,单击【确定】按钮。

图 1.17　制作选区

图 1.18　"填充"对话框

(3) Photoshop 从选区周围找到相似的图像，将它们填充到内部并融合起来，效果如图 1.19 所示。

图 1.19　内容识别填充效果

2. 镜头自动校正

Adobe 在升级 Photoshop CS5 时，也嵌入了一个自动镜头校正功能。主要的改进是增加了利用数码图片拍摄数据信息自动修正图像的几何失真包括桶形或枕形失真，修饰图像周边曝光不足的暗角晕影以及修复边缘出现彩色光晕的色像差的功能。

3. 复杂图像选择

使用 Photoshop CS5 新增的细化工具，单击鼠标就可以选择一个图像中的特定区域，轻松抠出毛发等细微的图形元素，还可以改变选区边缘、改进蒙版。选择完成后，可以直接将选取范围输出为蒙版、新图层、新文档等项目。

4. 3D 对象制作

Photoshop CS5 在菜单栏中新增了 3D 菜单，同时还配备了 3D 面板，使用户可以使用材质进行贴图，制作出质感逼真的 3D 图像，进一步推进了 2D 和 3D 的完美结合。

5. 操控变形

Photoshop CS5 新增的【编辑】|【操控变形】命令，可以在一幅图像上建立网格，然后使用【图钉】命令固定特定的位置后，拖动需要变形的部位，来修改和制作动作特效。例如，可以轻松调整舞蹈演员的关节部位，展现另一种舞蹈姿势，具体使用方法通过案例展现。

1.6.2 操作步骤

(1) 打开素材文件夹中一幅名为"舞者.gif"的背景透明图像，执行【图像】|【模式】|【RGB 颜色】命令，如图 1.20 所示。

(2) 复制图层，并在复制后的图层上右击鼠标，在右键快捷菜单中选择【转换为智能对象】选项，执行【编辑】|【操控变形】命令，人物图像的身体就会有网格出现，如图 1.21 所示。

图 1.20　舞者图像

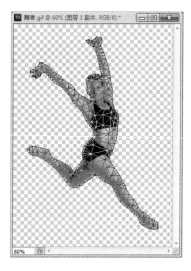

图 1.21　操控变形网格

注意： 也可以直接对图层应用操控变形，不过如果想在将来进行进一步修改的话，最好将这个图层设置为智能对象。这样就可以对它进行反复变形，而不会出现变形造成的画质损失现象，将来在需要对变形进行细调时，可以将变形图钉重新显示出来进行微调，非常方便。

(3) 在工具选项栏中，选择【浓度】为"较多点"，这样可以将细节调整得更好。同时，将【显示网格】前面的勾选取消，将操控变形网格隐藏，这样可以更好地观察人物的关节，然后在人物主要关节处单击鼠标添加图钉(一个黄色的圆点)，如图 1.22 所示。

(4) 黄色圆点中有黑色的小点，表示该点为当前选中的点，按住 Alt 键，当图形形状变化成剪刀样子的时候，就可以删除该点。鼠标稍微远离黄色的圆点，就会出现一个圆，通过旋转就可以控制关节实现变形。最终变形效果如图 1.23 所示。

图 1.22　添加变形图钉

图 1.23　最终变形效果

注意：转动时要细致耐心，一次不到位可以多次，还可以通过改变选项栏中图钉的角度，进行更加精确的调整。

1.7　本 章 小 结

本章主要通过"优化性能""定制工作区"案例介绍了 Photoshop 安装后的设置技巧。通过"图像编辑基础"案例，介绍了 Photoshop 中图像编辑常用的色彩和图像的基础知识，通过 Photoshop CS5 新增功能的介绍，使读者对新版本有更进一步的了解。

1.8　思考与练习

一、选择题

1. 显示标尺的快捷键为_____。

　　A．Ctrl+R　　　　　B．Ctrl+,　　　　　C．Ctrl+;　　　　　D．Ctrl+B

2. 下面关于默认的暂存盘正确的说法是_____。

　　A．没有暂存盘

　　B．暂存盘创建在启动磁盘上

　　C．暂存盘创建在任何第二个磁盘上

　　D．如果计算机有多块硬盘，哪个剩余空间大，哪个就优先作为暂存盘

3．在 Photoshop 中，可以对软件的使用环境做一些设置，如历史记录次数、近期使用文件列表、暂存盘等。设置完成以后_____。

    A．不需要重新启动

    B．需要重新启动

    C．有一部分需要，个别不需要

4．Photoshop 默认的历史记录步数为_____。

    A．5 步   B．10 步   C．20 步   D．100 步

二、判断题

1．Photoshop 为所有命令都设置了键盘快捷键。   ( )

2．任何一个硬盘分区都可以设置为暂存盘。   ( )

3．分辨率与设备有关，与显示无关。   ( )

4．工作区的面板位置是不可变的。   ( )

5．在设置相应的工作区后，未做颜色标记的菜单命令及面板不可用。   ( )

三、操作题

1．根据 1.4 节的方法，将历史记录的数目修改为 50。

2．练习为【编辑】|【定义图案】命令设置快捷键 Shift+Ctrl+/。

第2章

Photoshop CS5 基础工具

教学目标

本章主要介绍 Photoshop 工具箱的基本使用方法：其中包括了图像的选择和移动；图像的绘制与编辑；图像的修复与修饰等。通过本章内容的学习，能够熟练掌握 Photoshop CS5 的基本工具操作。

知识目的：学习 Photoshop CS5 工具箱的基本使用方法

能力目的：熟练掌握并灵活运用 Photoshop CS5 的基本工具

重点难点

重点：套索工具的使用和对选区的编辑，画笔工具的调整和渐变工具的掌握

难点：对于图片处理的能力，图像修复与修饰工具的了解

教学要求

知识要点	能力要求	关联知识
图像的选择和移动	(1) 选框工具的使用 (2) 套索工具的使用 (3) 魔棒工具的使用 (4) 选区的编辑 (5) 图像移动操作	选框工具、魔棒、颜色选取 选区移动、变换、缩放、扩展 羽化、平滑 存储选区、载入选区
图像的绘制与编辑	(1) 画笔工具的使用与编辑 (2) 颜色吸取工具的使用 (3) 油漆桶工具的使用 (4) 渐变工具的使用与编辑 (5) 图像的编辑	画笔工具、油漆桶工具、渐变工具拾色器、前景色和背景色、"颜色"面板、吸管工具
图像的修复与修饰	(1) 图像修补工具的使用 (2) 图章工具的使用 (3) 橡皮工具的使用 (4) 图像润色工具的使用 (5) 图像清晰化工具的使用	仿制图章工具、图案图章工具、修复画笔工具、修补工具、模糊工具、锐化工具、涂抹工具、减淡工具、加深工具、海绵工具、污点修复画笔工具、红眼工具

工具箱的显示如图 2.1 所示。

图 2.1　工具箱的显示

2.1　制作卡通图像

 案例说明

本案例将利用选区、颜色填充基本命令，通过创建选区、修改选区、羽化选区、填充选区等操作，完成卡通图像的制作。本案例综合了选区的多项知识点，配合变换、填充等基本操作命令，完成最后的效果，如图 2.2 所示。

图 2.2　卡通图像

2.1.1　知识点及注意事项

在进行图像处理时，与图像处理关系比较密切的一项工作就是区域选择。选区设定图像的处理范围。利用选择工具可以创建单一选区、复合选区。同时，利用对选择工具的设置可以编辑选区、移动选区、羽化和消除锯齿、存储和载入选区，对选区内容进行处理等。可见，掌握选择工具的使用方法是图像处理的基础，也是极其重要的内容。

1．创建选区

1）选框工具

使用工具箱中的选框工具(矩形选框、椭圆选框、单行选框、单列选框)可以选择方形、圆形以及横线(单位像素)、竖线区域，如图 2.3 至图 2.6 所示。

图 2.3　矩形区域

图 2.4　椭圆形区域

图 2.5　单行区域

图 2.6　单列区域

提示：Photoshop CS5 对工具箱的显示进行了改进，现有的工具箱可以通过工具箱顶端的箭头按钮进行单列或双列显示。

2）套索工具

使用套索工具、多边形套索工具和磁性套索工具可以选择曲线区域，具体方法如下。

套索工具：按住鼠标左键拖动就可以绘制任意形状的选区边框。在绘制的同时按住键盘上的 Alt 键，鼠标就可以转换为多边形套索工具，放开 Alt 键，又可还原为套索工具，放开鼠标的左键可以结束绘制，如图 2.7 所示。

多边形套索工具：该工具对于绘制直边选区十分有用。点按确定一个起点，然后放开鼠标到第二点单击，就可以在两点间绘制一条直线，依次类推可以绘制直边选区，如图 2.8 所示。

图 2.7　套索工具　　　　　　　　　图 2.8　多边形套索工具

磁性套索工具：该工具可以自动捕捉图像的边缘，特别适用于快速选择与背景对比强烈的对象。使用方法：使用该工具在图像边缘处单击，设置第一个紧固点，松开鼠标按钮或按住鼠标按钮不放，跟踪边缘并沿着图像边缘拖动鼠标，在鼠标无法正确识别的地方适当地添加紧固点，最后，当鼠标回到起点时单击，即完成选区制作，如图 2.9 所示。

图 2.9　磁性套索工具

3) 快速选择工具和魔棒工具

快速选择工具：使用该工具利用可调整的圆形画笔笔尖快速"绘制"选区。拖动时，选区会向外扩展并自动查找和跟随图像中定义的边缘，如图 2.10 所示。

魔棒工具：可以选择图像中颜色一致的区域，如图 2.11 所示。但是需要指定魔棒工具选区的色彩范围或容差。具体的使用方法如下。

容差：确定选定像素的相似点差异。范围是 0～255。如果值较低，则会选择与所点按像素非常相似的少数几种颜色；如果值较高，则会选择范围更广的颜色。

连续的：只选择使用相同颜色的邻近区域，否则，将会选择整个图像中使用相同颜色的所有像素。

对所有图层取样：使用所有可见图层中的数据选择颜色，否则，魔术棒工具将只从现用图层中选择颜色。

图 2.10　快速选择工具

图 2.11　魔术棒工具

4)【色彩范围】命令创建选区

使用该命令，可以选择现有选区或整个图像内指定的颜色或颜色子集。

执行【选择】|【色彩范围】命令，打开"色彩范围"对话框，使用吸管工具 ，在希望选择的图像上单击，在"色彩范围"对话框中设置适当的"容差值"，单击【存储】和【载入】按钮可存储当前设置，如图 2.12 和图 2.13 所示。

注：容差越大选择的范围越大，容差越小选择的范围越小。

图 2.12　"色彩范围"对话框

图 2.13　选择区域

2．编辑选区

1）移动选区

使用任何一种选择工具，然后将指针放在选区框内，当鼠标指针变成空心箭头 时，按住鼠标左键即可移动选区。如图 2.14、图 2.15 所示为移动前后的选区边框。

2）增减选区范围

如果需要的图像是由几部分组成的，则可使用选择工具添加选区范围或是减少选区范围。建立选区后，配合工具属性栏中的选项：选区相加 、选区相减 和选区交叉 ，完成选区的增减和交叉，如图 2.16 至图 2.18 所示。

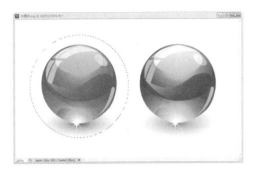

图 2.14 移动前选区

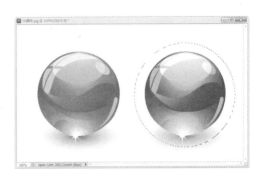

图 2.15 移动后选区

图 2.16 选区相加

图 2.17 选区相减

图 2.18 选区交叉

3) 变换选区

如果制作的选区的大小不合适，可以使用变换选区命令来修改，具体的操作如下。

(1) 执行菜单【选择】|【变换选区】命令(或者使用选择工具在选区内右击鼠标，在弹出的快捷菜单中选择【变换选区】命令)。

(2) 选区的周围出现一个具有 8 个控制点的变形框，使用鼠标拖动控制点，对选区进行手动调整缩放。

(3) 双击鼠标左键，完成选区的变换，如图 2.19 至图 2.21 所示。

图 2.19 选区的移动

图 2.20 选区的放大

图 2.21 选区的旋转

注：变换的同时，按住 Shift 键，可实现选区的等比例变换；按住 Alt 键，可将选区的中心固定进行变换；按住 Shift+Alt 键，可实现选区的中心不变等比例变换；按住 Ctrl 键，可单独移动任意 4 个角点。

4) 修改选区

执行【选择】|【修改】|命令，可以对现有选区进行边界、平滑、扩展、收缩、羽化的修改。

边界：以将选区的边界分别向内部和外部扩展，扩展后的边界与原来的边界形成新的选区。在"边界选区"对话框中，【宽度】用于设置选区扩展的像素值，如图 2.22、图 2.23所示。

平滑：可以对选区边缘进行平滑处理，打开"平滑选区"对话框中的【取样半径】用来设置选区的平滑范围，如图 2.24 所示。

图 2.22　小兔子选区　　　图 2.23　填充边界选区　　　图 2.24　平滑选区

扩展与收缩：可以扩展选区范围，执行【收缩】命令，可以收缩选区范围，如图 2.25、图 2.26 所示。

羽化：羽化是通过建立选区和选区周围像素之间的转换边界来模糊边缘，这种模糊方式将丢失选区边缘的一些图像细节。羽化半径可以控制羽化范围，如图 2.27 所示

  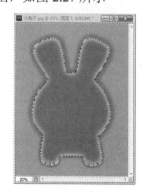

图 2.25　扩展选区　　　图 2.26　收缩选区　　　图 2.27　羽化选区

5) 存储选区

创建选区后, 为了防止操作失误而造成选区丢失, 或者以后还要使用该选区, 可以将选区保存。执行【选择】|【存储选区】命令, 打开 "存储选区" 对话框, 如图 2.28 所示。设置选区名称等选项, 可将其保存到 Alpha 通道中, 如图 2.29 所示。

图 2.28 "存储选区" 对话框   图 2.29 Alpha 通道

6) 载入选区

存储选区后, 可执行【选择】|【载入选区】命令, 将选区载入图像中, 执行该命令时可以打开 "载入选区" 对话框, 如图 2.30 所示。

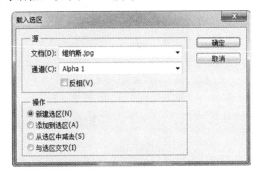

图 2.30 "载入选区" 对话框

3. 设置颜色

选区制作好之后, 接下来就可以对选区进行颜色填充。因此, 颜色在图像处理中是极其重要的, 没有颜色就不能构成丰富多彩的图像效果, Photoshop 中定义颜色的方法有很多, 下面将逐一介绍。

1) 用前景色和背景色选择颜色

在 Photoshop 工具箱中, 当前的前景色显示在工具箱的颜色选区框上部, 当前的背景色显示在下部。

前景色: 当用户在进行绘画、填充和描边选区等操作时, Photoshop 默认使用的颜色为前景色, 也是使用画笔工具或油漆桶工具直接上色时, 图像窗口上显示的颜色。

背景色: 背景色是在工具箱的颜色选区框下端的色块, 在背景图层中使用橡皮工具涂抹时会显示背景颜色。

切换前景色和背景色(快捷键 X)：单击工具箱中的【切换前景色和背景色】图标 ⤢，可以反转前景色和背景色。

默认前景色和背景色(快捷键 D)：单击工具箱中的【默认颜色】图标 ▣，就会还原为工具箱的基本颜色，也就是前景色是黑色、背景色是白色。

2) 用"颜色"面板选择颜色

"颜色"面板显示当前前景色和背景色的颜色值。执行【窗口】|【颜色】命令，打开"颜色"面板，如图 2.31 所示。

"颜色"面板左侧色块分别显示前景色和背景色，调节色块可以改变当前颜色，即前景色。单击面板右侧三角箭头可以打开"颜色"面板菜单，可以分别选择 6 种色彩模式，接下来的 4 种色谱选项可以在色彩轴中显示，而【建立 Web 安全曲线】命令可以方便用户选取 Web 安全颜色。

3) 用【拾色器】选择颜色

在工具箱中单击前景色或背景色色块，打开"拾色器"对话框，如图 2.32 所示。"拾色器"对话框左侧的颜色方框区域称为色域，这一区域是供用户选择颜色的。色域中能够移动的小圆圈是选取颜色的标志，色域图右边为颜色滑块，用来调整颜色的不同色调。

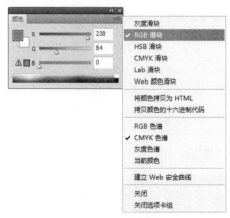

图 2.31　"颜色"面板　　　　图 2.32　"拾色器"对话框

4) 使用吸管工具 ◢ 选取颜色

吸管工具 ◢ 用来采集色样，以指定新的前景色或背景色。用户可以从现用图像或屏幕上的任何位置采集色样。也可以在工具选项栏中指定吸管工具的取样区域。例如，可以设置吸管采集指针下 3×3 像素区域内的平均色样值。若要选择新的前景色，可在图像内单击鼠标；要选择新的背景色，可按住 Alt 键在图像内单击。

提示：当使用任一绘画工具时，希望使用吸管工具，可按住 Alt 键进行临时转换。

4. 填充颜色

油漆桶工具的使用

油漆桶工具 ◢ 可填充颜色值与单击像素相似的相邻像素，它不能用于位图模式的图像。利用油漆桶工具进行填充颜色的步骤如下。

(1) 选取一种前景色。

(2) 选择油漆桶工具 。

(3) 在选项栏中设置填充属性。

(4) 单击要填充的图像部分，进行填充。

2.1.2 操作步骤

1. 建立头部选区并填充

(1) 新建一个宽和高分别为 600×700 像素、分辨率为 100dpi、背景颜色为白色、名称为"卡通图像"、颜色模式为 RGB 的文件。

(2) 选择椭圆选框工具 ，在图像中绘制一个椭圆选区。执行【选择】|【存储选区】命令，在打开的"存储选区"对话框中，输入存储的名称为"头部上"，如图 2.33 所示。

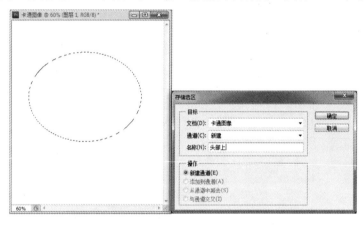

图 2.33　存储"头部上"选区

(3) 选择椭圆选框工具 ，在图像中再绘制一个椭圆选区。执行【选择】|【载入选区】命令，打开"载入选区"对话框，在通道框中选择"头部上"。在操作框中选中"添加到选区"，如图 2.34 所示。单击【确定】按钮，再将"头部上"选区添加到新选区上。

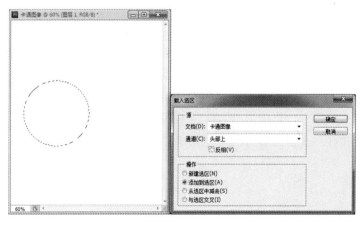

图 2.34　载入"头部上"选区

(4) 执行【选择】|【存储选区】命令，在打开的"存储选区"对话框中，输入存储的名称为"头部左"，如图 2.35 所示。

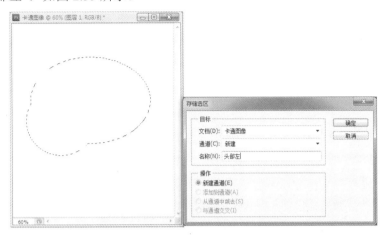

图 2.35　存储"头部左"选区

(5) 选择椭圆选框工具，在图像中再绘制一个椭圆选区。执行【选择】|【载入选区】命令，打开"载入选区"对话框，在通道框中选择：头部左。在操作框中选择"添加到选区"，单击【确定】按钮，再将"头部左"选区添加到新选区上，效果如图 2.36 所示。

(6) 执行【选择】|【存储选区】命令，在打开的"存储选区"对话框中，输入存储的名称为"头部"。将头部选区保存，以备以后使用。在工具箱下方的前景色上单击，打开"颜色拾取器"对话框，在其中设置前景色为"#DAA82F"，如图 2.37 所示。

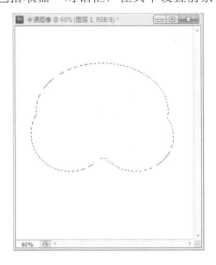

图 2.36　头部选区

图 2.37　设置前景色

(7) 在图层面板上新建图层并命名为"头部"，选择工具箱中的油漆桶工具，在选区中单击，将前景色填充到选区中，效果如图 2.38 所示。

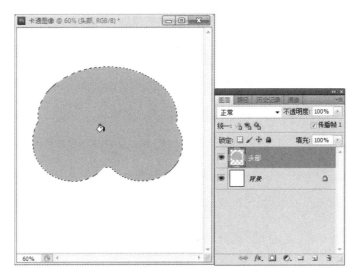

图 2.38　填充头部

2. 建立耳朵选区并填充

(1) 选择椭圆选框工具，在图像中再绘制一个椭圆选区。执行【选择】|【存储选区】命令，打开【存储选区】对话框，在其中的【通道框】中选择"耳朵左"，单击【确定】按钮，结果如图 2.39 所示。

图 2.39　保存"耳朵左"选区

(2) 选择椭圆选框工具，在图像中再绘制一个椭圆选区。执行【选择】|【载入选区】命令，打开"载入选区"对话框，在通道框中选择"耳朵左"。在操作框中选择：与选区交叉，如图 2.40 所示。

(3) 单击【确定】按钮，新建图层并命名为"左耳朵"，选择工具箱中的油漆桶工具，在选区中单击，将前景色填充到选区中，效果如图 2.41 所示。

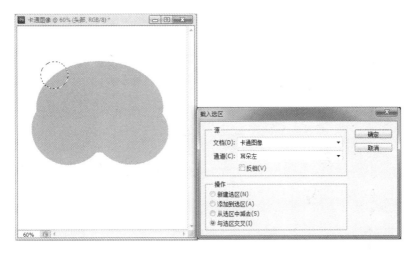

图 2.40 载入"耳朵左"选区

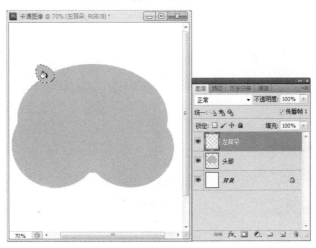

图 2.41 保存"耳朵左"选区

(4) 新建图层并命名为"右耳朵",选择工具箱中的矩形选框工具,将鼠标移动到左耳朵选区中,当鼠标变为空心箭头⬚时,右击,在打开的快捷菜单中选择"变换选区",效果如图 2.42 所示。

(5) 按 Enter 键,建立右耳朵选区,选择油漆桶工具◫,将前景色填充到选区中,效果如图 2.43 所示。

(6) 选择矩形选框工具,将鼠标移动到左耳朵选区中,效果如图 2.44 所示。

3. 描边选区

(1) 确认右耳朵选区,执行【编辑】|【描边】命令,打开"描边"对话框,在其中设置描边颜色为"黑色",描边宽度为"2px",位置为"居中",混合模式为"正常",如图 2.45 所示。

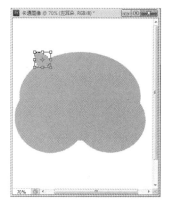 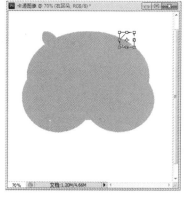 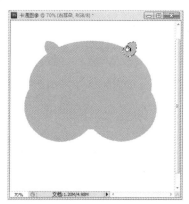

图2.42 变换选区　　　　　图2.43 反转移动选区　　　　　图2.44 填充右耳朵

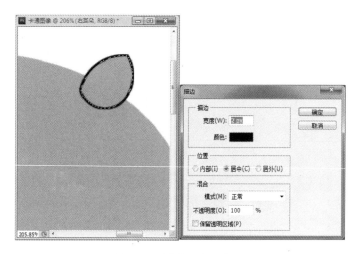

图2.45 描边"右耳朵"

(2) 点击"左耳朵"图层，选择工具箱中的魔棒工具，在左耳朵上单击将左耳朵图像选中，与步骤(1)同样的方法将左耳朵描边宽度设为"2px"。

(3) 与步骤(1)和步骤(2)同样的方法将卡通头部也进行描边。调整头部图层到两个耳朵图层的上方，效果如图2.46所示。

4. 绘制眼睛

(1) 新建图层并命名为"左眼睛"，按D键，再按X键，将前景色设置为"白色"，选择椭圆选框工具，在图像中再绘制一个椭圆选区。执行【选择】|【存储选区】命令，打开"存储选区"对话框，在通道框中选择：左眼睛，单击【确定】按钮。

(2) 使用油漆桶工具，将前景色填充到椭圆选区中(Alt+Delete键)，如图2.47所示。执行【编辑】|【描边】命令，打开"描边"对话框，在其中设置描边颜色为"黑色"，描边宽度为"2px"，位置为"居中"，混合模式为"正常"，如图2.48所示。

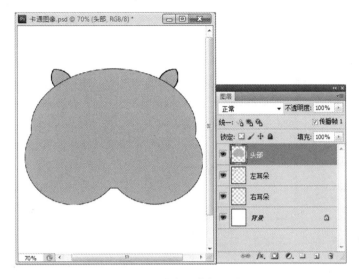

图 2.46　描边"头部"图层

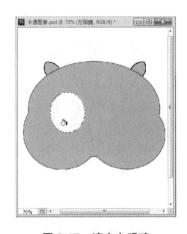

图 2.47　填充左眼睛

图 2.48　描边左眼睛

(3) 选择椭圆选框工具⬭，在左眼睛的左上方绘制一个椭圆选区。执行【选择】|【载入选区】命令，打开"载入选区"对话框，在通道框中选择：左眼睛，在操作框中选择：与选区交叉。单击【确定】按钮，制作卡通图像的眼珠，如图 2.49 所示。按 Ctrl+Delete 键，使用背景色(黑色)填充选区，如图 2.50 所示。

(4) 复制"左眼睛图层"重新命名为"右眼睛"，使用移动工具⯈⊹将右眼睛图层移动到右侧，效果如图 2.51 所示。

5．绘制鼻子

(1) 新建一个图层，命名为"鼻子"，选择椭圆选框工具⬭，在两个眼睛中间靠下的位置绘制一个椭圆选区，如图 2.52 所示。

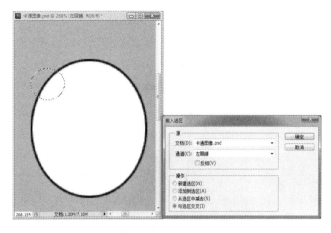
图 2.49 制作"左眼珠"选区

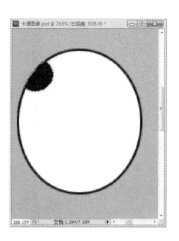
图 2.50 填充"左眼珠"

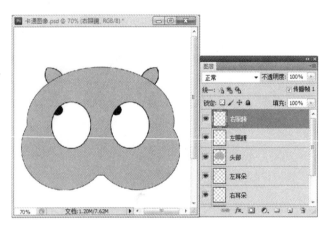
图 2.51 制作右眼睛

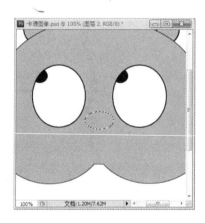
图 2.52 绘制椭圆选区

(2) 选择工具箱中的多边形套索工具，在选项栏中设置运算方式为【从选区中减去】，在椭圆的左侧和右侧分别减去一部分选区，效果如图 2.53 所示。

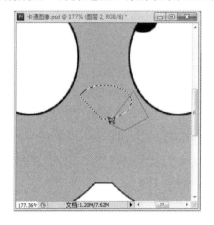
图 2.53 绘制"鼻子"选区

(3) 设置前景色为：#801E03，使用前景色填充选区，效果如图 2.54 所示。使用椭圆选框工具⬭在鼻子上方绘制两个圆形选区，填充为白色，如图 2.55 所示。

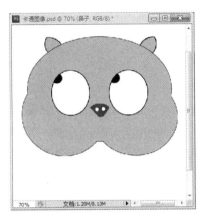

图 2.54　填充"鼻子"选区　　　　　　　图 2.55　填充鼻子选区

6. 绘制红脸蛋

(1) 在头部图层的上面新建一个图层，命名为"左侧红脸蛋"，使用椭圆选框工具⬭绘制一个圆形选区。设置前景色为：#F6BFC3，按住 Alt+Delete 键，使用前景色填充选区，效果如图 2.56 所示。

(2) 执行【选择】|【变换选区】命令，按住 Alt+Shift 键，使用鼠标拖动变换选区的控制滑块，将选区的中心不变，等比例缩小，效果如图 2.57 所示。

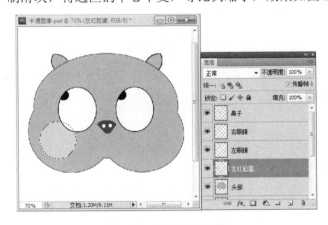
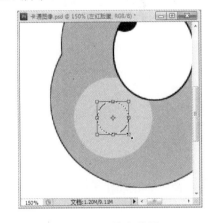

图 2.56　填充左红脸蛋　　　　　　　图 2.57　缩小选区

(3) 执行【选择】|【修改】|【羽化】命令，打开"羽化命令"对话框，在其中输入羽化半径为 10px。设置前景色为：#DAA933，按 Alt+Delete 键，使用前景色填充选区，效果如图 2.58 所示。

(4) 复制"左红脸蛋"图层，重新命名为"右红脸蛋"，使用移动工具▸⊹将左红脸蛋图层移动到右侧，效果如图 2.59 所示。

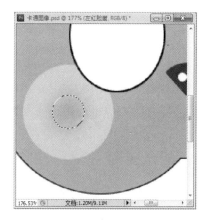

图 2.58　填充羽化选区　　　　　　　　图 2.59　复制红脸蛋图层

7. 绘制牙齿

(1) 在头部图层的下面新建一个图层，命名为"下巴"，使用椭圆选框工具 ，绘制一个圆形选区。使用吸管工具 ，在头部图像上单击，将头部图像颜色设置为前景色，按 Alt+Delete 键，使用前景色填充选区，使用黑色描边，选取 2px，效果如图 2.60 所示。

图 2.60　制作下巴

(2) 在头部图层上方新建一个图层，命名为"牙齿"，选择矩形选框工具 ，绘制一个矩形选区。将矩形中填充白色，使用黑色将选区描边，效果如图 2.61 所示。复制"牙齿"图层，使用移动工具 将副本图层移动到右侧，效果如图 2.62 所示。

(3) 选择【单行选区工具】 ，执行【选择】|【变换选区】命令，在选项栏中输入 W：7%。其他值保持不变，效果如图 2.63 所示。设置前景色为黑色，按 Alt+Delete 键，使用前景色填充选区。整体观察图像对不满意的地方进行局部调整，完成图像制作，效果如图 2.64 所示。

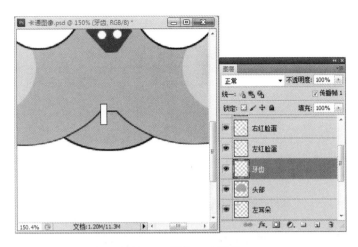

图 2.61　制作一颗牙齿

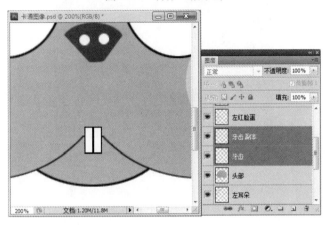

图 2.62　制作下巴

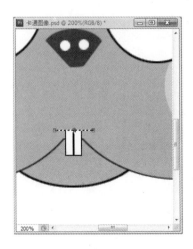

图 2.63　绘制单行选区(1)

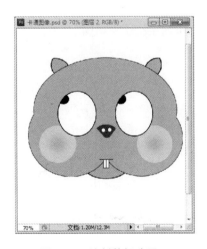

图 2.64　绘制单行选区(2)

2.2 绘制几何立体图形

 案例说明

本案例将利用移动工具、渐变填充工具、自由变换图像命令，完成立体几何图形的制作。完成最后的效果如图 2.65 所示。

图 2.65 圆锥体效果

注：明暗关系是塑造绘画造型的立体感和光感的重要手段，如果美术绘画没有明暗关系，画面将会显得没有立体感和单一。只有在计算机绘画中把握明与暗、黑与白、光与影、高光与反光的各层次关系，才能表现出既生动又符合人们视觉印象的绘画作品来。

2.2.1 知识点及注意事项

1. 渐变工具

使用渐变工具可以创建多种颜色间的逐渐混合，这个混合可以是从前景色到背景色的过渡，也可以是前景色与透明背景间的相互过渡或者是其他颜色的相互过渡。利用该工具可以产生各种丰富多彩的图像填充效果。

1) 渐变工具选项栏

使用渐变工具的选项栏，可以选择和自定义各种渐变形态、渐变样式和渐变不透明度等属性，如图 2.66 所示。

图 2.66 渐变工具选项栏

（1）渐变预置框：单击渐变栏右侧的箭头按钮，会弹出可查看渐变种类的预置框。在这里，用户可以选择 Photoshop 提供的各种渐变，并应用到图像上。而且单击渐变颜色栏还会弹出渐变编辑器，在这里可以新建或者修改渐变效果。

（2）渐变样式：在选项栏中选择应用渐变填充的选项。

① 线性渐变██：以直线从起点渐变到终点。

② 径向渐变██：以圆形图案从起点渐变到终点。

③ 角度渐变██：以逆时针扫过的方式围绕起点渐变。

④ 对称渐变██：使用对称线性渐变在起点的两侧渐变。

⑤ 菱形渐变██：以菱形图案从起点向外渐变，终点定义菱形的一个角。

（3）模式：指定绘画的混合模式，可参照图层混合模式。

（4）不透明度：调节应用在图像上的渐变效果的不透明度。

（5）反向：反转渐变填充中的颜色顺序。

（6）仿色：用较小的带宽创建较平滑的混合。

（7）透明区域：确定对渐变填充使用透明区域蒙版。

2）渐变编辑器

渐变编辑器可用于通过修改现有渐变的副本来定义新渐变，也可以向渐变添加中间色，在两种以上的颜色间创建混合，还可以按照用户所需的颜色制作渐变样式，并加以保存。选择渐变工具，单击选项栏中的渐变栏中的色彩，就会激活渐变编辑器，如图 2.67 所示。

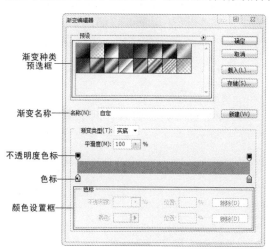

图 2.67　渐变编辑器

（1）预设：查看并选择 Photoshop 提供的渐变种类。

（2）名称：查看或更改当前选择的渐变名称。

（3）渐变类型：可以选择能够按照单色系列设置渐变颜色段的底色和显示所有颜色段的杂色。

（4）平滑度：设置渐变的柔和度。该值为 100% 时，颜色变化等级会显示得更加自然。

（5）不透明度色标：显示在渐变栏上端。选择它，就能在色标选项组中设置不透明度值。

(6) 色标：显示在渐变栏的下端。选择它可以在色标选项组中设置渐变的颜色和位置。

2. 移动工具

Photoshop 中的移动工具不仅可以实现图像、图层的位置移动，而且还可以对图像进行对齐、均匀分布操作，是一个基础且最常用的工具。设置移动工具的属性也要在工具选项栏中进行操作，如图 2.68 所示。

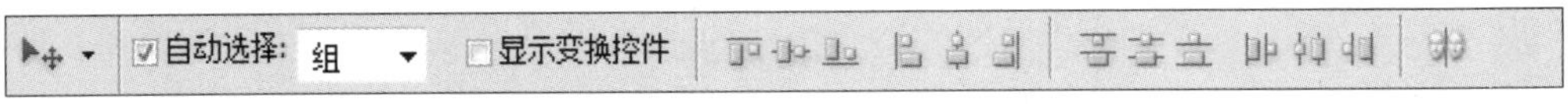

图 2.68　移动工具选项栏

(1) 自动选择：如果文档中包含多个图层或组，可勾选该选项，并在旁边的选项框中选择要移动的内容。

图层：使用移动工具在画面单击时，可以自动选择工具下面包含像素的最顶层的图层。

组：在画面单击时，可以自动选择工具下面包含像素的最顶层的图层所在的图层组。

(2) 显示变换控件：勾选该选项后，选择一个图层时，就会在图层内容的周围显示定界框，可以拖动控制点对图像进行变换操作，如旋转、缩放等；如果文档中图层较多，并且经常需要进行缩放、旋转操作，勾选该选项比较实用。

(3) 对齐图层：选择了两个或两个以上的图层可单击相应的按钮将所选图层对齐，包括：顶对齐、垂直居中对齐、底对齐、左对齐、右对齐、水平居中对齐。

(4) 分布图层：如果选择了 3 个或 3 个以上的图层，可单击相应的按钮使所选图层按照一定的规则均匀分布，包括：按顶分布、垂直居中分布、按底分布、按左分布、水平居中分布和按右分布。

注：使用移动工具时，每按一下键盘中的向上、向下、向左、向右键，便可以将对象移动一个像素的距离。按住 Shift 键再按方向键，则图像可以每次水平或者垂直移动 10 个像素的距离。

2.2.2　操作步骤

1. 制作圆锥体

(1) 按 Ctrl+N 键，新建一个名称为"圆锥体"，宽度和高度为 500×500 像素。分辨率为 72 像素/英寸，背景颜色为白色的图像。

(2) 设置前景色为白色，背景色为黑色，选择矩形选框工具，在画布的中间拖动，绘制一个矩形选区，如图 2.69 所示。

(3) 选择渐变工具，在选项栏中打开"渐变编辑器"对话框，单击颜色渐变条下方增加两个颜色滑块。选择不同的颜色滑块设置颜色值分别为：#EBEBEB、#FFFFFF、#222222、#5E5E5E 得到渐变样式，如图 2.70 所示。

注：渐变颜色的设定是根据现实生活中圆锥体的光影效果，以反光→高光→明暗交界线→反光的规律来设置。

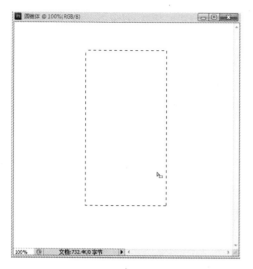

图 2.69　矩形选框工具

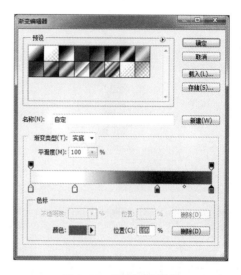

图 2.70　设置渐变样式

(4) 在图层面板中新建一个图层，命名为"圆锥体"，在选项栏中选择渐变样式为：线性渐变，按住 Shift 键在选区中从左到右水平拖出一条直线完成操作，如图 2.71 所示。

(5) 按 Ctrl+D 键取消选区，执行【编辑】|【变换】|【透视】命令，使用鼠标向左拖动右上方的角点，将上面三个顶点合并为一个点，得到一个三角形，如图 2.72 所示。

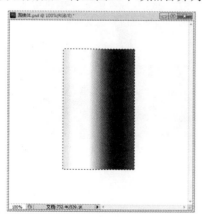

图 2.71　填充渐变颜色

图 2.72　柱体变形

(6) 选择椭圆选框工具 在锥体底部画一个椭圆作为圆锥的底面，如图 2.73 所示。

(7) 选择矩形选框工具，按住 Shift 键拖动鼠标，将锥体的其余部分加入选区，如图 2.74 所示。

(8) 执行【选择】|【反向】命令，将选区反相，按 Delete 键将其余部分删除，按 Ctrl+D 键取消选区，如图 2.75 所示。在图层面板中选择"背景"图层。

图 2.73　绘制椭圆选区

图 2.74　添加矩形选区

2. 添加背景

设置前景色为#000FD8，背景色为#02043C，选择渐变工具，在选项栏中选择渐变类型为"线性渐变"，渐变颜色为"从前景到背景色的渐变"，按住 Shift 键，自上而下拖动鼠标，制作渐变背景，效果如图 2.76 所示。

图 2.75　删除多余图像

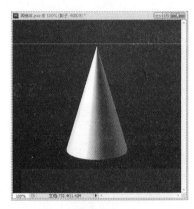

图 2.76　添加渐变背景

3. 添加阴影

(1) 在背景图层上方新建图层，命名为"阴影"，选择多边形选择工具，在锥体底部根据透视原理绘制一个三角形的阴影选区，如图 2.77 所示。

(2) 将选区羽化 10px。设置前景色为：#00032B，选择渐变工具，在选项栏中选择渐变颜色是"从前景色到透明"，渐变样式为"线性渐变"，从三角形的底部拖动到顶部，如图 2.78 所示。

(3) 按 Ctrl+D 键取消选区，整体观察图像并对细节做局部调整，完成制作。

图 2.77　制作阴影选区

图 2.78　填充渐变颜色

2.3　炫　彩　背　景

 案例说明

　　本案例将利用画笔工具配合渐变工具、选区工具和图层面板，完成炫彩背景的制作。完成最后的效果，如图 2.79 所示。通过本案例的学习，使学生能够熟练掌握画笔工具的使用方法与技巧。

图 2.79　炫彩背景效果

2.3.1　相关知识点及注意事项

1. 画笔工具

　　画笔工具 ✐ 可以使用前景色进行绘画，在整个绘画过程中应用非常广泛，是绘画的基础。默认情况下，画笔工具创建颜色的柔描边，而铅笔工具创建硬边手画线，也可以将画笔工具用喷枪对图像应用颜色喷涂。使用画笔工具之前要先进行画笔的属性设置，而且，画笔设置在众多绘画工具中都大同小异，因此这里将对画笔选项栏设置做统一讲解。

1) 画笔选项栏

选项栏上画笔的基本参数如下。

(1) 模式：画笔绘画的混合模式，可以参考图层的混合模式。

(2) 不透明度：画笔绘画的不透明度，不透明度越高画笔绘制颜色越淡，不透明度越低，绘制的颜色越清晰。

(3) 流量：可指定油彩的涂抹速度。随着值的减小，油彩的涂抹速度也会降低。

(4) 喷枪：单击【喷枪】按钮，可将画笔用做喷枪。选择喷枪工具，在图像中一直单击，颜料可以一直喷出来。

2) "画笔"面板

"画笔"面板可用于选择预设画笔和设计自定画笔。执行【窗口】|【画笔】命令，或者在选择绘画工具、橡皮擦工具、减淡工具或模糊工具时，单击选项栏右侧的【面板】按钮，就可以打开"画笔"面板，如图 2.80 所示。

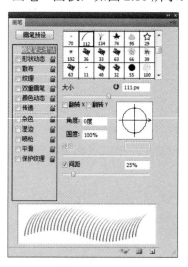

图 2.80 "画笔"面板

"画笔"面板中的画笔预设提供了画笔笔尖形状、形状动态、散布、纹理、双重画笔、颜色动态、传递、杂色、湿边、喷枪、平滑、保护纹理 12 个功能。

(1) 画笔笔尖形状。

① 大小：控制画笔大小。可以输入以像素为单位的值或拖动滑块，如图 2.81 所示。

② 翻转 X、翻转 Y：翻转 X 指画笔水平翻转，如图 2.82 所示。翻转 Y 指画笔垂直翻转，如图 2.83 所示。

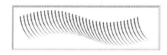

图 2.81 画笔大小　　　　图 2.82 沿 X 方向旋转　　　　图 2.83 沿 Y 方向旋转

③ 角度：画笔的长轴从水平方向旋转的角度。可以输入度数或在预览框中水平拖移。如图 2.84 所示为-46°的笔刷形态。

④ 圆度：指定画笔短轴和长轴的比率。可以输入百分比值或在预览框中拖移点。100%表示圆形画笔，0%表示线性画笔，介于两者之间的值表示椭圆画笔。

⑤ 硬度：控制画笔边缘模糊程度。可以输入数字，或者使用滑块调整，硬度越大画笔边缘越清晰，硬度越小画笔边缘越模糊。如图 2.85 所示为硬度为 0 的笔刷形态。

⑥ 间距：控制两个画笔笔迹之间的距离。可输入数字，或使用滑块调整画笔直径的百分比值。当取消选择此选项时，光标的速度决定间距，效果如图 2.86 所示。

图 2.84　带角度的画笔　　　　图 2.85　硬度为 0 的画笔　　　　图 2.86　增大间距

(2) 形状动态：可以设置画笔的动态属性，比如抖动的大小比例、角度、圆度以及是否有翻转等。

① 大小抖动：指定描边中画笔笔迹大小的改变方式。值越大，画笔的大小变化就越大；值越小，画笔的大小变化就越不明显。【控制】下拉列表中的选项如下。

(a) 关：指定不控制画笔笔迹的大小变化。

(b) 渐隐：指定数量的步长在初始直径和最小直径之间渐隐。

(c) 画笔笔迹的大小：各步长等于画笔笔尖的一个笔迹。该值的范围可以从 1～9999。

(d) 钢笔压力、钢笔斜度、光笔轮、旋转：依据钢笔压力、钢笔斜度、光笔轮位置或钢笔的旋转来改变初始直径和最小直径之间的画笔笔迹大小。

② 最小直径：指定当启用【大小抖动】或【控制】时画笔笔迹可以缩放的最小百分比。可通过输入数字或使用滑块来设置，效果如图 2.87 所示。

(a) 最小直径值为 0　　　　　(b) 最小直径值为 50%　　　　　(c) 最小直径值为 100%

图 2.87　不同最小直径值的效果图

③ 角度抖动、控制：指定描边中画笔笔迹角度的改变方式。要指定抖动的最大百分比，可输入一个 360°的百分比的值，效果如图 2.88 所示。

(a) 角度值为 10%　　　　　　　　(b) 角度值为 100%

图 2.88　不同角度值的效果图

④ 圆度抖动、控制：指定画笔笔迹的圆度在描边中的改变方式。要指定抖动的最大百

分比，可输入一个指明画笔长短轴之间的比率的百分比。

⑤ 翻转 X 抖动、翻转 Y 抖动：允许随即翻转的画笔。

(3) 散布：【散布】画笔可确定描边中笔迹的数目和位置。

① 散布、控制：设置画笔的分散程度，要指定散布的最大百分比，可输入一个值。该值越大，分散的范围就越广，如图 2.89 所示。要控制画笔笔迹的散布变化，可从【控制】下拉列表中选择一个选项。

(a) 散布值为 150%

(b) 散步值为 650%

图 2.89　不同散布值的效果图

② 数量：指定在每个间距间隔应用的画笔笔迹数量。该值越大，画笔的数量越多，如图 2.90 所示。

(a) 散步值为 200%　数量为 2

(b) 散步值为 500%　数量为 6

图 2.90　不同散步值、数量的效果图

③ 数量抖动、控制：指定画笔笔迹的数量如何针对各种间距间隔而变化。要指定在每个间距间隔处涂抹的画笔笔迹的最大百分比，可输入一个值。要指定希望如何控制画笔笔迹的数量变化，可从【控制】下拉列表中选取一个选项。

(4) 纹理：【纹理】画笔是利用图案使描边看起来像是在带纹理的画布上绘制一样。

① 反相：基于图案中的色调反转纹理中的亮点和暗点。当选中【反相】复选框时，图案中的最亮区域是纹理中的暗点，接收最少的油彩；图案中的最暗区域是纹理中的亮点，接收最多的油彩。当取消选中【反相】复选框时，图案中的最亮区域接收最多的油彩；图案中的最暗区域接收最少的油彩。

② 缩放：指定图案的缩放比例。输入数字，或者使用滑块来设置图案大小的百分比值。

③ 模式：指定用于组合画笔和图案的混合模式，参照图层混合模式。

④ 深度：指定油彩渗入纹理中的深度。输入数字，或者使用滑块来设置值。如果是 100%，则纹理中的暗点不接收任何油彩。如果是 0%，则纹理中的所有点都接收相同数量的油彩，从而隐藏图案，如图 2.91 所示。

(a) 纹理缩放为 9%　深度为 52%

(b) 纹理缩放为 36%　深度为 79%

图 2.91　不同纹理缩放、深度的效果图

⑤ 最小深度：指定当【深度控制】设置为【渐隐】、【钢笔压力】、【钢笔斜度】或【光笔轮】，并且选中【为每个笔尖设置纹理】复选框时油彩可渗入的最小深度。

(5) 双重画笔：双重画笔使用两个笔尖创建画笔笔迹，在“画笔”面板的【画笔笔尖形状】部分设置主要笔尖的选项。从“画笔”面板的【双重画笔】部分中选择另一个画笔笔尖，然后设置以下任意选项，如图 2.92 所示。

(a) 主画笔为星星，双重画笔为普通画笔　　(b) 主画笔为五角星，双重画笔为干画笔

图 2.92　使用不同主画笔、双重画笔的效果图

① 模式：选择从主要笔尖和双重笔尖组合画笔笔迹时要使用的混合模式。

② 直径：控制双笔尖的大小。以像素为单位输入值，或者单击【使用取样大小】选项来使用画笔笔尖的原始直径(只有当画笔笔尖形状是通过采集图像中的像素样本创建的时候，【使用取样大小】选项才可用)。

③ 间距：控制描边中双笔尖画笔笔迹之间的距离。要更改间距，可输入数字，或使用滑块设置笔尖直径的百分比。

④ 散布：指定描边中双笔尖画笔笔迹的分布方式。当选中【两轴】复选框时，双笔尖画笔笔迹按径向分布。当取消选中【两轴】复选框时，双笔尖画笔笔迹垂直于描边路径分布。要指定散布的最大百分比，可输入数字或使用滑块来设置值。

⑤ 数量：指定在每个间距间隔应用的双笔尖画笔笔迹的数量。输入数字或者使用滑块来设置值。

(6) 颜色动态：【颜色动态】决定描边路线中油彩颜色的变化方式。

① 前景/背景抖动：这个选项的作用是将颜色在前景色和背景色之间变换。

② 渐隐：在指定的步长中从前景色过渡到背景色，步长之后如果继续绘制，将保持为背景色。

③ 色相抖动：程度越高，色彩就越丰富。以前景色为中心，同时向左右两边伸展的范围。百分比越大包含的色相越多，因此出现的色彩就越多。

④ 饱和度抖动：会使颜色偏淡或偏浓，百分比越大变化范围越广。

⑤ 亮度(明度)抖动：使图像偏亮或偏暗，百分比越大变化范围越广。

⑥ 纯度：这不是一个随机项，后面没有“抖动”二字。这个选项的效果类似于饱和度，用来整体地增加或降低色彩饱和度。它的取值为-100～+100，当为-100%的时候，绘制出来的都是灰度色。为 100%的时候色彩则完全饱和。如果纯度的取值为这两个极端数值时，饱和度抖动将失去效果，如图 2.93 所示。

(a) 色相抖动 20%　　　　　　　　　　(b) 色相抖动 100%

图 2.93　不同色相抖动的效果图

(7) 传递："传递"项目是 Photoshop CS5 中新增加的画笔选项设置，通过设置该项目，可以控制画笔随机的不透明度，还可设置随机的颜色流量，从而绘制出自然的若隐若现的笔触效果，使画面更加灵动、通透。

(8) 湿边：沿画笔描边的边缘增大油彩量，从而创建水彩效果。

(9) 喷枪：将渐变色调应用于图像，同时模拟传统的喷枪技术。"画笔"面板中的【喷枪】选项与选项栏中的【喷枪】选项相对应。

(10) 平滑：在画笔描边中生成更平滑的曲线。当使用光笔进行快速绘画时，此选项最有效；但它在描边渲染中可能会导致轻微的滞后。

(11) 保护纹理：将相同图案和缩放比例应用于具有纹理的所有画笔预设。选择此选项后，在使用多个纹理画笔笔尖绘画时，可以模拟出一致的画布纹理。

2.3.2 操作步骤

1. 制作彩色背景

(1) 按 Ctrl+N 键，新建一个名称为"幻彩背景"，宽度和高度为 800×600 像素。分辨率为 72 像素/英寸，背景颜色为白色的图像。

(2) 选择工具箱中的画笔工具，在选项栏中设置画笔的大小：800px，硬度：0，间距：25%。

(3) 设置前景色为#F6E713，新建图层并命名为"黄色"，在图像中的右下角单击，在图像中添加一个黄色，如图 2.94 所示。

(4) 设置前景色为#FD19BA，建图层并命名为"玫红色"，在图像中的右上角单击，在图像中添加一个玫红色，如图 2.95 所示。

(5) 设置前景色为#01C0FF，建图层并命名为"青色"，在图像中的左上角单击，在图像中添加一个青色，如图 2.96 所示。

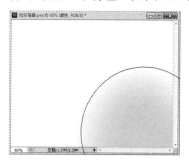
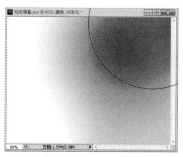
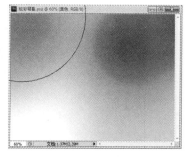

图 2.94 添加黄色　　　　图 2.95 添加玫红色　　　　图 2.96 添加青色

2. 定义和绘制笔刷

(1) 执行【文件】|【新建】命令，新建一个宽度为"2 厘米"，高度为"2 厘米"，内容为"白色"，名称为"彩球画笔"的文件。

(2) 选择工具箱中的椭圆工具，按住 Shift 键，在页面内绘制一个正圆形，如图 2.97 所示。

(3) 选择渐变工具▣，在选项栏中将类型选择为"径向渐变"，颜色设置为白色到深灰再到浅灰色(高光→明暗交界线→反光)，在椭圆选区内从中心向外拖动，制作一个渐变小球，如图 2.98 所示。

(4) 执行【编辑】|【定义画笔】命令，在打开的定义画笔对话框中输入画笔名称为"彩球"，确定后将圆球定义为画笔，如图 2.99 所示。关闭"彩球画笔"图像。

  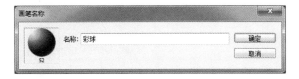

图 2.97　添加圆形选区　　图 2.98　添加玫红色　　　　　　　图 2.99　定义画笔

(5) 选择工具箱中的画笔工具，打开"画笔"面板，在其中选择画笔的笔尖为刚刚定义的"彩球"，设置直径为"80 像素"，间隔为"500%"。

(6) 选择【散布】复选框，将散布大小设置为"600%"，选择"两轴"，"数量"设置为 2。选择【形状动态】复选框，人小抖动设置为 100%，如图 2.100 所示。

(7) 在图层面板中单击【新建图层】按钮，创建一个新图层，命名为"白色球"。

(8) 设置前景色为"白色"，使用画笔工具在图像中希望出现白球的位置拖动，图像中出现一些发散的白球效果，如图 2.101 所示。

 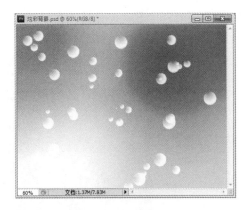

图 2.100　设置画笔　　　　　　　　　图 2.101　绘制画笔

(9) 在"画笔"面板中选择一个普通画笔，设置直径为"70 像素"，间隔为"500%"，硬度为"0%"。"散布"和"形状动态"设置同上，选择【颜色动态】复选框，在其中设置前景/背景抖动为"100%"，色相抖动为"100%"，纯度为"100%"，饱和度抖动和亮度抖动为"0%"。

(10) 在图层面板中单击【新建图层】按钮，创建一个新图层，命名为"彩色画笔"。

(11) 设置前景色为"#FF0000"背景色为"#9600FF"，使用画笔工具在图像中希望出现彩球的位置拖动，图像中出现一些发散的彩球效果，如图 2.102 所示。

(12) 整体观察图像，调整"白色球"图层的不透明度为"70%"，"彩色点"图层的不透明度为"30%"，形成一种有远有近的层次感。

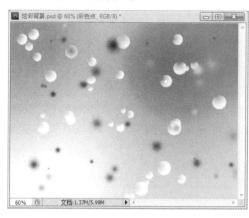

图 2.102　添加彩色点

2.4　图　像　润　色

　案例说明

爱美之心人皆有之，光滑细嫩的面庞并不是人人都有，拍出来的人像照片虽然整体感觉良好，可如果脸部过多粗糙纹理总让人感觉不美观。本案例通过使用修复画笔工具结合【滤镜】|【模糊】命令，快速给人物的皮肤美白润色处理。对比效果如图 2.103 所示。

图 2.103　图像润色前后对比效果

2.4.1　知识点及注意事项

1．图章工具的基本操作

1）仿制图章工具

仿制图章工具是从图像中取样，然后将样本应用到其他图像或同一图像的其他部分；也可以将一个图层的一部分仿制到另一个图层。具体操作步骤如下。

(1) 选择工具箱中的仿制图章工具。

(2) 在选项栏中设置工具的属性。

(3) 按住 Alt 键在图像中单击，定义要复制的内容(称为"取样")，然后在光标放在其他位置，放开 Alt 键拖动鼠标涂抹，即可将复制的图像应用到当前位置。与此同时，画面中会出现一个圆形光标和一个十字形光标，圆形光标是正在涂抹的区域，而该区域的内容则是从十字形光标所在位置的图像上复制。在操作时，两个光标始终保持相同的距离，操作者只需仔细观察十字形光标位置的图像，便知道要涂抹出的内容，如图 2.104、图 2.105 所示。

图 2.104　带有水印图像　　　　　　　　　　图 2.105　修复图像

2）图案图章工具

图案图章工具可以从图案库中选择图案，或者自己创建图案利用工具在图案中绘画。具体操作方法如下。

(1) 在工具箱中选择图案图章工具。

(2) 从选项栏中进行属性设置，并从图案库里选择对应的图案，如果没有合适的图案，也可以自己定义图案。具体方法如下。

打开即将定义图案的图像，使用矩形选框工具选择用做图案的区域。执行【编辑】|【定义图案】命令，在"图案名称"对话框中输入图案的名称，如图 2.106 所示。

图 2.106　定义图案

注意：定义图案的时候，必须是矩形选区，而且【羽化】必须设置为 0 像素。

(3) 打开目标图像，使用图案图章工具，在图像中拖动即可将定义或者系统自带的图案复制到图像中，如图 2.107、图 2.108 所示。

图 2.107　原始图像　　　　　　　　　　　图 2.108　图案图章绘制

2. 修复画笔工具

1) 污点修复画笔工具

污点修复画笔工具可以对图像中的少量污点做修复处理，并且修复后的图像与周围像素的明暗色调自动匹配。该工具的使用方法简单，不需要定义原点，只需要确定需要修复的图像位置，调整好画笔大小，移动鼠标就会在确定需要修复的位置自动匹配。

因此该工具经常被用于修复衣物或者建筑物上的少量污迹，除此之外，人物面孔的去痣工作也经常选择此工具来完成，如图 2.109 所示。

(a) 原始图像　　　　　　　(b) 污点修复画笔修复中　　　　　　　(c) 修复后

图 2.109　修复过程 1

2) 修复画笔工具

修复画笔工具可用于校正瑕疵，使它们消失在周围的图像中。与仿制图章工具一样，使用修复画笔工具可以利用图像或图案中的样本像素来绘画。修复画笔工具还可将样本像素的纹理、光照和阴影与源像素进行匹配，从而使修复后的像素不留痕迹地融入图像的其余部分。具体操作方法如下。

(1) 打开一幅需要修复的图像，选择修复画笔工具。

(2) 单击选项栏中的【画笔样本】选项，并在弹出式面板中设置画笔选项。

（3）从选项栏的【模式】下拉列表中选择混合模式，选取"替换"可以保留画笔描边的边缘处的杂色、胶片颗粒和纹理。其他模式类似于前面介绍过的图层混合模式。

（4）在选项栏中选取用于修复像素的源。

取样：使用当前图像的像素。

图案：使用从"图案"弹出式面板中选择的图案。

（5）选中【对齐】复选框，会对像素连续取样，而不会丢失当前的取样点，即使松开鼠标也是如此。取消选中【对齐】复选框，则会在每次停止并重新开始绘画时使用初始取样点中的样本像素。

（6）选中【对所有图层取样】复选框，则可从所有可见图层中对数据进行取样。如果取消选中【对所有图层取样】复选框，则只从当前图层中取样。

（7）将指针置于任意一幅打开的图像中，然后按住 Alt 键并单击，可以给处于取样模式中的修复画笔工具设置取样点。

（8）在图像中拖动进行修复图像。每次释放鼠标，样本像素都会与现有像素融合，如图 2.110 所示。

(a) 原始图像　　　　　　　　(b) 修复画笔修复中　　　　　　　(c) 修复后

图 2.110　修复过程 2

3）修补工具

修补工具使用户可以用其他区域或图案中的像素来修复选中的区域。像修复画笔工具一样，修补工具会将样本像素的纹理、光照和阴影与源像素进行匹配，还可以仿制图像的隔离区域。具体操作方法如下。

（1）使用样本像素修复区域。在图像中拖动以选择想要修复的区域，将指针定位在选区内。

选项栏中选中"源"：则将选区边框拖移到想要从中进行取样的区域。松开鼠标，原来选中的区域被使用样本像素进行修补。

选项栏中选中"目标"：则将选区边框拖动到要修补的区域。松开鼠标，新选中的区域用样本像素进行修补，如图 2.111 所示。

（2）使用图案修复区域。在图像中拖移，选择要修复的区域，从选项栏的【图案】弹出式面板中选择图案，并选择【使用图案】选项即可。

提示：修补工具适用于较大范围的修复；修复画笔工具则采用画笔涂抹的方式，适用于较小范围的修补。

(a) 原始图像   (b) 修补工具修复中   (c) 修复后

图 2.111 修复过程 3

2.4.2 操作步骤

(1) 执行【文件】|【打开】命令,打开本章素材文件夹中的"图像润饰.jpg"的图像,选择图层面板,按 Ctrl+J 键复制背景图层,如图 2.112 所示

图 2.112 复制背景图层

(2) 选择工具箱中的修复画笔工具,在选项栏中设置画笔的笔头大小为 200px,硬度为 0%,按住 Alt 键的同时在人物面部光滑的部分单击取样,然后在人物面部痘痘部分单击并进行涂抹,清除痘痘,如图 2.113 所示。

(3) 按照此种方法清除人物额头、鼻子和下巴部分的痘痘,修饰效果如图 2.114 所示。

(4) 再次按 Ctrl+J 键复制图层,得到"图层 1 副本",执行【滤镜】|【模糊】|【高斯模糊】命令,打开"高斯模糊"对话框,半径设置为 6px,设置完成后单击【确定】按钮,将图像进行高斯模糊处理,如图 2.115 所示。

(5) 单击"图层"面板上的【添加适量蒙版】按钮,为"图层 1 副本"添加图层蒙版,单击该图层的蒙版缩览图,为蒙版填充黑色,如图 2.116 所示。

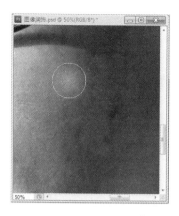

图 2.113　修复画笔工具祛痘

图 2.114　脸部修饰

图 2.115　高斯模糊

图 2.116　添加图层蒙版

(6) 设置前景色为白色，按 B 键切换至画笔工具，在选项栏中设置画笔大小为 300px，不透明度为 60%，硬度为 0%，在人物面部需要模糊处理的地方进行涂抹，使人物皮肤细致化，如图 2.117 所示。

图 2.117　画笔涂抹

(7) 确保【图层 1 副本】为选中状态，将该图层混合模式设置为【变亮】，按 Shift+Ctrl+Alt+E 键盖印图层，得到【图层 2】。

(8) 按 Ctrl+L 键打开"色阶"对话框，使用鼠标拖动亮部滑块为"230"，如图 2.118 所示。从中可以看出，人物皮肤更加细腻平滑，完成实例制作。

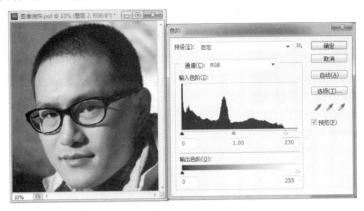

图 2.118　调整色阶

2.5　置换图像背景

案例说明

本案例介绍如何使用橡皮工具来去除图像的背景，并将图像的背景置换为其他图像，然后利用加深工具细化图像，为图像添加阴影效果。图像前后效果对比如图 2.119 所示。

图 2.119　置换背景效果

2.5.1　知识点及注意事项

1. 橡皮工具的使用

1) 橡皮擦工具 ⌗

在图像中拖动时，橡皮擦工具会擦除图像中的像素。如果在背景层中或在透明区域被锁定的图层中工作，像素将更改为背景色；否则像素将被擦成透明。

注： 可以使用橡皮擦使受影响的区域返回到"历史记录"面板中选中的状态，方法是选择橡皮擦工具，设置不透明度(100%的不透明度将完全抹除像素，较低的不透明度将部分抹除像素)，然后选择要抹除图像的已存储状态或快照，在"历史记录"面板中单击状态或快照的左列，然后在选项栏中选择【抹到历史记录】选项。

2) 魔术橡皮擦工具 ⌗

用魔术橡皮擦工具在图像的某一处单击，该工具会自动寻找在该像素点容差值范围内的颜色进行擦除。可以理解为先用魔术棒工具选择，然后再使用橡皮工具擦除。该工具对于大面积相似颜色的擦除非常快捷。

3) 背景橡皮擦工具 ⌗

背景橡皮擦工具是一种智能橡皮擦，它可以自动采集画笔中心色样，同时删除在画笔内出现的这种颜色，可用于在拖移时将图层上的像素抹成透明。通过指定不同的取样和容差选项，可以控制不透明度的范围和边界的锐化程度。

2. 减淡工具 ⌗和加深工具 ⌗

减淡工具或加深工具采用了用于调节照片特定区域的曝光度的传统摄影技术，可用于使图像区域变亮或变暗，类似于摄影师减弱光线以使照片中的某个区域变亮(减淡)，或增加曝光度使照片中的区域变暗(加深)。

选择图像中要更改的对象：【中间调】可更改灰度的中间范围；【暗调】可更改黑暗的区域；【高光】可更改明亮的区域。

3. 海绵工具 ⌗

海绵工具有两个选项：去色和加色，去色是在图像原有的颜色基础上，使图像原有的颜色逐渐产生灰度化的效果。加色是在其原有的颜色基础上，增加颜色，使图像看起来更加鲜艳。

2.5.2　操作步骤

(1) 执行【文件】|【打开】命令，打开素材文件夹中名为"帷幔.jpg"的图像。

(2) 选择工具箱中的魔术橡皮擦工具 ⌗，在帷幔图像的白色区域单击，擦除白色部分，然后再多次单击帷幔下方的倒影部分，擦除多余图像，如图 2.120 所示。

(3) 按 Ctrl+O 键，打开素材文件夹中名为"舞台背景.jpg"的图像。使用移动工具 ⌗，将"舞台背景"图像移动到帷幔图像中，修改图层的名称为"背景"，按 Ctrl+T 键，打开自由变换控制点，移动四周的控制点，将舞台背景图像大小与帷幔图像大小适配，效果如图 2.121 所示。

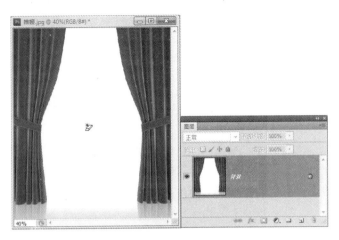

图 2.120　擦除白色部分　　　　　　　　　图 2.121　缩小舞台背景图像

(4) 在图层面板中将"背景"图层拖动到最底层，为了使图像看起来具有立体感，选择工具箱中的加深工具 ，在选项栏中设置曝光度为"30%"，帷幔后面的背景图像上拖动，制作出帷幔的阴影效果，如图 2.122 所示。

　　注：使用【加深工具】的时候，建议将曝光度设置的小一些，然后在图像上多次地拖动加深图像，这样的效果更加自然。

(5) 在 Photoshop 的图像窗口双击，弹出"打开图像"对话框，在其中选择素材文件夹中的"舞蹈人物.jpg"图像，选择工具箱中的魔术橡皮擦工具 ，在图像的背景处单击，先大概擦除图像的背景颜色，如图 2.123 所示。

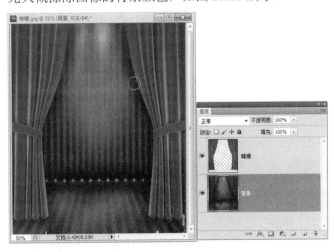

图 2.122　完成抠图　　　　　　　　　　　图 2.123　大概擦除背景

(6) 选择工具箱中的放大镜工具 ，在图像中单击局部放大图像，选择工具箱中的抓手工具 (快捷键为空格键)，拖动鼠标到需要修改的位置，选择工具箱中的橡皮擦工具 ，局部擦除一些残留背景图像，如图 2.124 所示。

(7) 双击抓手工具，将图像最大化显示在图像窗口，选择魔术棒工具，在图像的空白处单击将透明区域选中，按 Ctrl+Shift+I 键，将选区反相，此时会将人物选择。

(8) 使用移动工具，将"舞蹈人物"移动到帷幔图像中，图层重新命名为"人物"，按 Ctrl+T 键调整图像的大小，按 Enter 键确认，如图 2.125 所示。

图 2.124　细节擦除

图 2.125　添加舞蹈人物图像

(9) 执行【编辑】|【变换】|【水平翻转】命令，将舞蹈人物水平翻转。选择工具箱中的加深工具，设置曝光度为"30%"，在帷幔后面的背景图像上根据人物阴影的防线拖动，制作出舞蹈人物的阴影效果，使整个图像的层次更加分明，如图 2.126 所示。

图 2.126　添加人物阴影

(10) 执行【文件】|【保存】命令(快捷键 Ctrl+S)，将图像保存，名称设定为"芭蕾舞"，整体观察图像，完成图像制作。

2.6 绘制一片羽毛

 **案例说明**

因为一片羽毛中绒毛太多了，单纯用钢笔工具去勾选是不太现实的。所以本案例介绍使用涂抹工具结合模糊工具来绘制羽毛。虽然方法笨拙，但是效果还是非常接近的。最主要的目的是给读者讲述一种使用涂抹工具来制作羽毛的方法与技巧，这种方法在绘制人物的头发、美眉、睫毛的时候同样通用。最终效果如图 2.127 所示。

图 2.127 羽毛

2.6.1 知识点及注意事项

1. 模糊工具

模糊工具也叫柔化工具，对图像进行柔化。模糊工具是降低颜色的反差，将涂抹的区域变得模糊，如图 2.128(a)、图 2.128(b)所示。

2.【锐化工具】

锐化工具与模糊工具相反，是增加图像的反差，它是对图像进行清晰化，清晰是在作用的范围内全部像素清晰化，如果选项栏中设置的画笔压力很大，图像中每一种组成颜色都显示出来，所以会出现花花绿绿的颜色，如图 2.128(c)所示。

注意：对图像使用了模糊工具以后，再使用锐化工具，图像并不能恢复到原始状态，因为，模糊后的颜色组成已经完全发生改变。

3. 涂抹工具

Photoshop 中的【涂抹工具】是在图像上拖动颜色，使颜色在图像上产生位移，感觉是涂抹的效果，如图 2.128(d)所示。涂抹工具经常用于修正物体的轮廓，制作火苗，发丝、加长眼睫毛，等等。

选中【手指绘画】选项，可以使用前景色从每次操作的起点进行涂抹。选中【手指绘画】选项，则以鼠标单击处的像素颜色进行涂抹。

(a) 原始图像

(b) 模糊后图像

(c) 锐化后图像

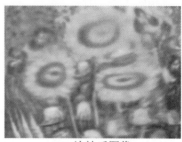
(d) 涂抹后图像

图 2.128　实例

2.6.2　操作步骤

(1) 按 Ctrl+N 键，新建一个宽度和高度分别为 600×600 像素的文档，背景为白色，名称为"羽毛制作"。

(2) 按 Ctrl+O 键，在"打开文件"对话框中找到"羽毛.jpg"图像，选择移动工具将羽毛图像拖动到"羽毛制作"图像中。

(3) 选择魔术棒工具单击图像中的白色部分，然后执行【选择】|【修改】|【羽化】命令，将选区羽化 3 个像素。按 Delete 键删除白色部分，如图 2.129 所示。

(4) 执行【选择】|【反向】命令。将羽毛选中，选择渐变工具，在选项栏中设置渐变类型为"线性渐变"，打开渐变编辑器，设置渐变颜色为"从深蓝色到乳白色再到灰色"，在选区中由上到下拖动鼠标，填充渐变颜色，如图 2.130 所示。

(5) 按 Ctrl+D 键取消选择，选择涂抹工具，在选项栏中选择笔头类型："14 号喷溅笔刷"，强度设置：50%，然后在渐变图像的边缘涂抹，制作出柔和的羽毛效果，如图 2.131 所示。

注：涂抹方法是先使用大点儿的笔刷，设置较低的钢笔压力进行大概涂抹，然后再使用小一些的笔刷，适当提高钢笔压力涂抹出一些细的羽毛。

(6) 部分开叉的羽毛可以用多边形套索工具，勾出选区，然后按 Delete 键后删除即可，结果如图 2.132 所示。

图 2.129　羽化选区

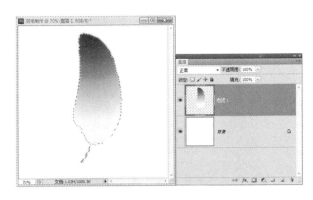

图 2.130　填充渐变颜色

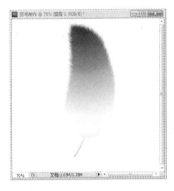

图 2.131　涂抹图像

图 2.132　制作羽毛分叉

(7) 新建一个图层，命名为"辅助色"，设置前景颜色为：#784821，选取画笔工具，笔头大小为 37 像素，流量为 56%，在羽毛上涂抹出一些辅助色，如图 2.133 所示。

(8) 选择【模糊工具】，在辅助色上面涂抹，将辅助色适当的模糊，使得辅助色更自然，然后选择涂抹工具，在辅助色上涂抹做最后的修饰，使图像整体更自然，效果如图 2.134 所示。

图 2.133　添加辅助色

图 2.134　修饰辅助色

(9) 新建一个图层，命名为"高光"，选择画笔工具，设置笔头大小为 150px，前景色为白色，在图像中间单击，制作羽毛的高光，效果如图 2.135 所示。

(10) 新建一个图层，命名为"羽毛心"。选择钢笔工具 ，勾出羽毛心的路径，选择路径选择工具 ，在路径上右击，在打开的快捷菜单中选择【将路径转换为选区】，效果如图 2.136 所示。

图 2.135　添加高光

图 2.136　制作羽毛心选区

(11) 选择渐变工具，在选项栏中设置渐变类型为"线性渐变"，打开渐变编辑器，设置渐变颜色为"从棕色→乳白色→灰色"，如图 2.137 所示。在选区中由上到下拖动鼠标，填充渐变颜色，效果如图 2.138 所示。

图 2.137　渐变颜色

图 2.138　填充羽毛心

(12) 保持选区，执行【选择】|【修改】|【收缩】命令，收缩选区"1 像素"。确定后新建一个图层，按 Shift+F6 键羽化 1 个像素，然后使用白色填充选区，按键盘上的方向键两次，把选区向左移 2 像素，按 Delete 键删除，效果如图 2.139 所示。

(13) 新建一个图层，命名为"细绒毛"，用套索工具，勾出如图 2.140 所示的选区，将选区羽化 5 个像素，填充颜色：#D2CCC0，取消选区后再用涂抹工具涂一些较长的细羽毛出来，效果如图 2.141 所示。

(14) 新建一个图层，命名为"小细毛"，选择画笔工具，在"画笔"面板中选择笔头为"Dune Grass"，画笔大小为"100px"，间距为"300%"，效果如图 2.142 所示。

图 2.139　制作立体效果

图 2.140　填充细绒毛颜色

图 2.141　涂抹出细绒毛

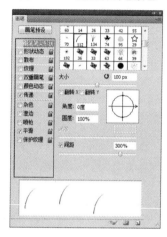

图 2.142　设置画笔

(15) 设置前景色为淡黄色：#DBCFA5，使用画笔工具在羽毛上单击，绘制几根小细毛，效果如图 2.143 所示。

(16) 复制多个小细毛图层，分别执行【编辑】|【变换】|【自由变换】命令，将小细毛进行不同角度的旋转，并调整小细毛的位置，效果如图 2.144 所示。

(17) 新建一个图层，命名为"白细毛"，与制作"小细毛"同样的方法，在羽毛的中间位置加上一些细的白色羽毛，效果如图 2.145 所示。

(18) 也可以给羽毛添加不同的颜色，调整大小和位置，效果如图 2.146 所示。

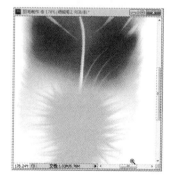

图 2.143　添加小细毛

图 2.144　添加多个小细毛

图 2.145　添加白色小细毛

图 2.146　改变色彩

2.7　本章小结

本章主要通过"卡通头像""绘制立体几何图形""制作炫彩背景""置换图像背景""绘制羽毛"这几个案例的制作，介绍了选区的绘制与编辑、画笔工具的使用、图像修复工具的使用、橡皮工具的使用，以及不同图像润色工具的使用技巧和方法。本章以工具的使用为主线，通过案例介绍，拓展到工具的使用方法与技巧，循序渐进地将 Photoshop 中的基本工具做了逐步介绍。为以后进一步学习与实践打下了坚实的基础。

2.8　思考与练习

一、选择题

1.　_____不能打开一个图形文件。

　　A．按 Ctrl+O 键

　　B．双击工作区域

　　C．直接从外部拖动一幅图片到 Photoshop 界面上

　　D．按 Ctrl+N 键

2.　_____格式是有损失的压缩功能。

　　A．EPS　　　　　　B．TIFF　　　　　　C．BMP　　　　　　D．JPEG

3.　当执行【文件】|【新建】命令，在弹出的"新建"对话框中不可以设定_____。

　　A．位图模式　　　B．RGB 模式　　　C．双色调模式　　　D．Lab 模式

4.　下列关于 Photoshop 打开文件的操作，_____是正确的。

　　A．执行【文件】|【打开】命令，在弹出的对话框中选择要打开的文件

　　B．执行【文件】|【最近打开文件】命令，在子菜单中选择相应的文件名

　　C．如果图像是 Photoshop 软件创建的，直接双击图像图标

　　D．将图像图标拖放到 Photoshop 软件图标上

二、操作题

下面将利用填充工具和命令，完成一个卡通图像的颜色填充，注意填充工具的使用技巧和颜色的搭配方法。图像中的具体配色可以自由发挥。通过卡通图像颜色填充案例的制作，可以熟练掌握图像的填充技巧，再次巩固对选区的选择、颜色的选择等方法。完成的卡通图像效果如图 2.147 所示。

操作步骤如下。

(1) 按快捷键【Ctrl+O】，打开本章素材中的名为"卡通线稿.jpg"图片，如图 2.148 所示。

(2) 选择油漆桶工具，在工具选项栏中将【填充】类型设置为【前景】，【模式】设置为【颜色】，【容差】设置为 32。

(3) 打开"颜色"面板，选择颜色值为#0093DD，在机器猫面部和身体处单击，填充前景色，如图 2.149 所示。

图 2.147 卡通填充最终效果

图 2.148 打开图像

图 2.149 选择颜色填充

(4) 采用同样的方法填充鼻子的颜色值为#DA251C、嘴巴的颜色值为#DA251C、舌头颜色值为#E67817、铃铛颜色值为#FFF500，如图 2.150 所示。

(5) 选择油漆桶工具，在选项栏中将【模式】恢复为【正常】，将【填充】设置为【图案】，然后在下列菜单中选择"叶子"图案，在背景上单击填充图案，如图 2.151 所示。

图 2.150 完成卡通填充

图 2.151 完成背景填充

第 **3** 章 图层的编辑与图层样式

教学目标

本章主要介绍引导图层的概念;"图层"面板和图层样式;图层的混合模式;剪贴蒙版等内容。通过本章的学习,能够了解图层的基本原理和特点,掌握创建和编辑图层的方法,掌握图层样式、图层混合模式的应用方法和技巧。

知识目的:学习"图层"面板和图层面板菜单的使用方法。

能力目的:灵活运用图层的基本操作技巧。

重点与难点

重点:"图层"面板和图层面板菜单。

难点:图层的基本操作。

教学要求

知识要点	能力要求	关联知识
"图层"面板	熟练掌握图层的操作方法	图层的创建、对齐、分布、链接、选择
图层的样式	图层样式的属性及编辑	"图层样式"面板
图层的类型	掌握图层的类型及特点	"图层"面板

3.1 图 层 概 述

通过对图层的操作,可以方便快捷地修改图像,使图像编辑具有更大的灵活性。使用图层的特殊功能,可以创建很多复杂的图像效果。本节将介绍图层基础知识,为今后的图像编辑提供更好的基础。

图层类型与特点

Photoshop 中包含普通图层、背景图层、文字图层、调整图层、填充图层、形状图层6 种类型。不同类型的图层具有不同的特点和用途,具体的图层类型特点如下。

1. 普通图层

普通图层是指用一般方法建立的图层,是一种最常用的图层,几乎所有的 Photoshop功能都可以在这种图层上得到应用。

2. 背景图层

背景图层始终在面板的最底层,作为整个图像的背景。背景图层的特点如下。
(1) 背景图层是一个不透明的图层,它有一个以背景色为底色的颜色。
(2) 背景图层不能进行图层【不透明度】和【色彩混合模式】的控制。
(3) 背景图层的图层名称以【背景】为名,在"图层"面板的底层。
(4) 用户无法对背景进行锁定操作。

提示:如果要更改背景图层,双击背景图层可以将它转换成普通图层。

3. 文字图层

使用横排文字工具T,单击输入即可创建文本图层,文本图层的特点如下。
(1) 文本图层含有文字内容和文字格式,可以反复修改和编辑。
(2) 文本图层的名称默认以当前输入的文本作为图层名称,以便于识别。
(3) 在文本图层不能使用滤镜效果。

提示:可通过选择【栅格化文字】命令,将文本图层转换为普通图层。转换后将无法还原为文本图层,此时将失去文本图层反复编辑和修改的功能。

4. 调整图层

这种类型的图层主要用来控制色调和色彩的调整。
(1) 执行【图层】|【新建调整图层】命令。
(2) 选择调整命令类别。

提示:在使用调整图层进行色彩或色调调整时,如果不想对在调整图层下方的所有图层都起作用,则可以将调整图层与在其下方的图层编组,这样该调整图层就只对编组的图层起作用,而不会影响其他没有编组的图层。

5．填充图层

填充图层可以在当前图层中填入一种颜色(纯色或渐变色)或图案，并结合图层蒙版的功能，从而产生一种遮盖特效。

(1) 执行【图层】|【新建调整图层】命令。

(2) 选择填充类别。

填充图层的特点如下。

(1) 图层蒙版的作用不仅仅在于遮盖图像不需要的区域，它还可以对图层蒙版进行编辑，可以在图层中产生许多特殊效果。

(2) 填充图层是作为一个图层保存在图像中的。所以无论如何修改和编辑，都不会影响其他图层和整个图像的品质，并且它还可以反复修改和编辑。

6．形状图层

当使用矩形工具  、钢笔工具 等形状工具在图像中绘制图形时，会在图层面板中自动产生一个形状图层，并自动命名为"形状 1"。

形状图层的特点如下。

(1) 可以反复修改和编辑。在图层面板中单击选中剪辑路径预览缩略图，Photoshop 就会在"路径"面板中自动选中当前路径，随后即可开始利用各种路径编辑工具进行编辑。

(2) 形状图层不能直接执行色调和色彩调整以及滤镜功能等，必须先转换成普通图层之后才可使用。方法如下。

选中形状图层，执行【图层】|【栅格化】|【形状】命令。如果执行【图层】|【栅格化】|【矢量蒙版】命令，则可将形状图层中的剪辑路径变成一个图层蒙版，从而使形状图层变成填充图层。

3.2　火焰字的制作

案例说明

本案例主要应用了创建文字图层、剪贴蒙版、图层样式、图层模式等命令，制作了一个火焰文字的图像效果。通过本章的学习，读者应该能够了解图层的基本原理和特点，学习图像制作和处理中图层样式、图层混合模式的使用方法和技巧，设计效果如图 3.1 所示。

图 3.1　火焰字效果图

3.2.1 相关知识点及注意事项

1. 打开"图层"面板

执行【窗口】|【图层】命令，打开"图层"面板(快捷键 F7)，如图 3.2 所示。

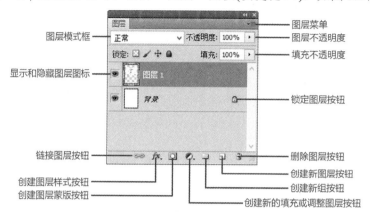

图 3.2 "图层"面板

(1) 图层模式：下拉列表中可以选择相应选项，设置当前图层的一种混合模式。

(2) 不透明度：可以设置当前图层的不透明度。可以用鼠标直接拖动滑块，选择合适的不透明度，或者直接输入数字，范围是 0～100%。不透明度的数值越小，图像越透明，该图层下面的图层越清晰，反之越模糊。

(3) 锁定图层按钮：可以锁定图层的透明像素、图像像素、移动位置和所有属性。

① 锁定透明像素标志▢：在选定的图层的透明区域内无法使用绘图工具绘画，即使经过透明区域也不会留下笔迹。

② 锁定图像像素标志✎：这项锁定的作用是无法使用画笔或者其他的绘图工具。

③ 锁定位置标志✛：这项锁定的作用是被锁定图层无法移动。

④ 锁定全部标志🔒：这项锁定的作用是图层被完全锁定，针对图层的任何操作都无法进行。

(4) 填充：设置在图层中绘图笔画的不透明度。

(5) 显示和隐藏图层◉：显示与隐藏图层中的图像。

2. 创建图层及图层组

处理图像的过程中，可能需要创建许多图层，为了便于管理这些图层，Photoshop 引进了类似 Windows 下文件夹的图层组，它可以组织和管理图层。使用图层组可以将多个图层作为一个组移动。方法如下。

(1) 单击"图层"面板中的【创建新组】按钮▢，便可完成图层组的创建。

(2) 执行【图层】|【新建】|【图层】命令，可以创建新的图层。

3. 对齐和分布图层

使用移动工具▶的选项栏可以将链接后的图层和组中的内容对齐，如图 3.3 所示。还可以使用【图层】菜单中的【对齐】命令对齐和分布图层内容。

提示：对齐和分布命令只影响所含像素的不透明度大于 50%的图层。

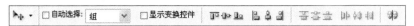

图 3.3　移动工具选项栏

4. 链接图层

链接图层是将各个图层进行关联，可以将链接的图层同时移动、应用变换以及创建剪贴蒙版等。链接图层的方法如下。

在"图层"面板中选择要链接的图层或图层组。单击【链接】图标☜，可以将该图层从与其他图层的链接中脱离。选择链接的所有图层，然后单击【链接】图标☜，就可以将所有图层的链接取消。

5. 创建新样式

虽然 Photoshop 提供了许多的预定义图层样式，而在实际的作图过程中，需要根据实际的需求来创建图层样式。图层样式的创建方法如下。

(1) 单击"图层"面板中的【添加图层样式】按钮，打开"图层样式"对话框，在对话框的左侧选择【样式】，单击【确定】按钮。

(2) 单击"样式"面板下方的【创建新样式】按钮，在打开的"新建样式"对话框中进行设置。单击【确定】按钮，完成样式创建，如图 3.4 所示。

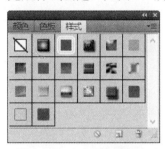

图 3.4　"样式"面板

6. 图层蒙版

在"图层"面板下方单击【添加图层蒙版】按钮▣，即可创建图层蒙版。单击"图层"面板中的【图层蒙版缩览图】按钮可将它激活，然后选择任一编辑或绘画工具可以在蒙版上进行编辑。

将蒙版涂成白色可以从蒙版中减去并显示图层，将蒙版涂成灰色可以看到部分图层，将蒙版涂成黑色可以向蒙版中添加并隐藏图层。

7. 创建调整图层

单击"图层"面板中的【新建调整图层】按钮，即可在原图层上方生成一个调整图层，该调整图层只对其下方的图层起到调整作用。在图像色彩和色调调整时，采用创建调整图层的方法，可以不影响原图层的效果。

8. 复制图层

通过复制图层，可以得到两个内容相同的图层。选择要复制的图层，拖动该图层至【创建新图层】按钮 ⬚ 处即可复制图层。

9. 删除图层

选择将需要删除的某个图层或者效果，拖移到【删除图层】 ⬚ 图标上，即可删除选定的图层或者效果。

10. 合并图层

合并图层是指将 2 个或是 2 个以上的图层合并 1 个图层。合并图层后，所有透明区域的交叠部分会保持透明状态。

【向下合并】：可将当前图层与下面的图层合并在一起。

【合并可见图层】：将合并所有当前可视图层。

【合并所有图层】：可将所有可视图层合并到【背景】图层中，删除隐藏的图层，并将使用白色填充其余的任何透明区域。

3.2.2 操作步骤

1. 制作文字图层

(1) 新建一个大小为宽度和高度为 5×5 厘米、分辨率为 300dpi、背景色为白色，名称为"火焰字"的图像。

(2) 在工具箱中选择文字工具 T，在图像中部单击输入字母"FIRE"。

(3) 修改字符属性。选择"字符"面板，在其中设置文字大小为 44 点，字体 Impact，颜色为白色，如图 3.5 所示。

(4) 拖动【FIRE】文字图层至【创建新图层】按钮 ⬚ 处，复制图层，生成文字图层副本，如图 3.6 所示。

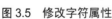

图 3.5 修改字符属性   图 3.6 复制文字图层

(5) 单击【FIRE】文字图层的【显示和隐藏图层按钮】 👁，隐藏该图层，为后续的制作备份该文本图层。

(6) 选择【FIRE】文字图层副本，执行【编辑】|【自由变换】命令(快捷键 Ctrl+T)，在选项栏中输入旋转角度为 45°，顺时针将图像旋转 45°。

(7) 执行【滤镜】|【风格化】|【风】命令。这时系统会出现"是否栅格化文字"对话框，单击【确定】按钮后，系统会出现"风"对话框，选择方法：风、方向：从左，如图 3.7 所示。

提示：基于矢量图形的文字图层，无法执行滤镜里的各种命令操作。故此，当对文字图层执行【滤镜】命令时，系统会自动提示"是否栅格化文字"对话框。栅格化后的文字不能再作为文字进行编辑。

(8) 按下 Ctrl+F 键重复执行【风】命令，得到如图 3.8 所示的效果。

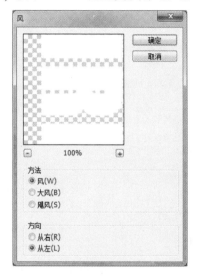

图 3.7　风滤镜

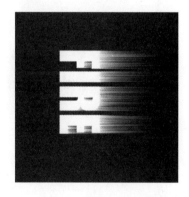

图 3.8　重复滤镜效果

(9) 执行菜单【编辑】|【自由变换】命令，在选项栏中输入旋转角度为-45°，逆时针旋转图像45°。

(10) 选择工具箱中的涂抹工具，设置笔头的样式为：柔边圆，大小：46px。拖动鼠标左键，对图层进行修改，使其形成火焰燃烧的效果，如图 3.9 所示。

2. 制作文字火焰颜色效果

(1) 按住 Ctrl 键，单击"fire 副本"图层和"背景图层"，右击，在打开的快捷菜单中选择【合并图层】选项，将两个图层合并。

(2) 执行【图层】|【新建调整图层】|【色彩平衡】命令，打开"新建图层"对话框，勾选【使用前一图层创建剪贴蒙版】选项，如图 3.10 所示。单击【确定】按钮，打开"色彩平衡"对话框，在其中选择色调为中间调，设置红色：+100、黄色：-100，其他值保持不变，如图 3.11 所示。

提示：在使用【调整图层】进行色彩或色调调整时，建立【剪贴蒙版】可以只对图层的效果进行编辑，而不会影响原图层。如果对调整效果不满意，可随时选择【调整】命令，对色彩或色调进行编辑，或删除蒙版图层，而不影响原图层。

图 3.9　涂抹效果　　　　　　　　　　　图 3.10　"新建图层"对话框

图 3.11　编辑色彩平衡

(3) 在调整图层上右击鼠标，在打开的快捷菜单中选择【向下合并】命令，将蒙版图层与背景图层合并为一个图层。

(4) 由于该图层的红、黄两种颜色效果的对比不是很强烈，火焰的效果不好，所以需要继续调整该图层的颜色效果。拖动新生成的"背景"图层至【创建新图层】按钮□处，复制该图层。

(5) 将"背景副本"图层模式设置为【强光】，完成火焰的制作，如图 3.12 所示。

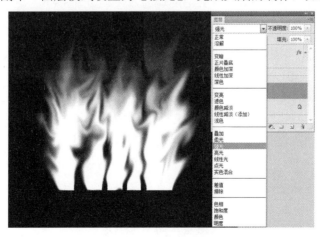

图 3.12　编辑图层模式

(6) 单击【FIRE】文字图层的【显示和隐藏图层】👁️按钮，显示该图层。在"图层"面板上右击，在打开的快捷菜单中选择【栅格化图层】命令。

(7) 按住 Ctrl 键单击该图层的【图层缩览图】区域，调出选中图层的选区，如图 3.13 所示。

图 3.13　调出图层选区

(8) 选择工具箱中的渐变工具 🔲，在选项栏中打开【渐变编辑器】选项，并在其中进行色彩填充设置，使编辑栏的色彩实现由白到黑的颜色渐变，如图 3.14 所示。

(9) 新建图层，并命名为"渐变文字"，自上至下拖动鼠标，对新建图层进行颜色填充，效果如图 3.15 所示，按 Ctrl+D 键取消选区。

图 3.14　选区颜色填充　　　　　　　　　　图 3.15　填充效果

(10) 确认选中"渐变文字"图层，执行【图像】|【调整】|【色彩平衡】命令，将"色彩平衡"对话框内的【色阶】值设为：+100，0，-100。如图 3.16 所示。单击【确定】按钮，文字效果如图 3.17 所示。

图 3.16　执行【色彩平衡】命令

图 3.17　调整后效果

(11) 单击"图层"面板中的【添加图层样式】按钮 fx.，打开"图层样式"对话框，选中【外发光】、【斜面和浮雕】图层样式。然后分别对外发光和斜面与浮雕进行参数设置，如图 3.18、图 3.19 所示。

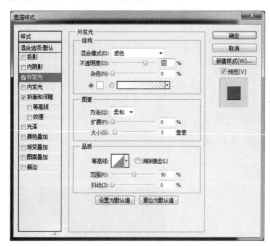

图 3.18　外发光图像样式　　　　　图 3.19　斜面与浮雕图层样式

(12) 整体观察图像并进行细微的调整，完成火焰文字的制作。

3.3　石头刻字效果的制作

 **案例说明**

本案例主要应用【图层样式】命令，制作了一个在石头上刻字的"中国风"海报。通过本案例的学习，读者能够了解图层样式的基本原理和特点，学习海报制作和处理图层样式的使用方法与技巧。设计效果如图 3.20 所示。

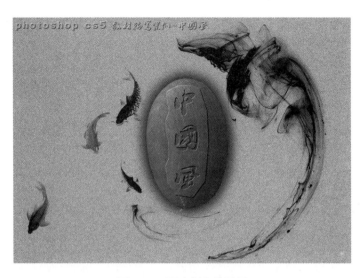

图 3.20　石头刻字效果图

3.3.1　相关知识点及注意事项

1. 图层样式

单击"图层"面板中的【添加图层样式】按钮 fx，打开"图层样式"对话框，如图 3.21 所示。在对话框的左侧选择样式，右侧设置所选择样式的具体参数值，单击【确定】按钮即可执行图层样式编辑命令。

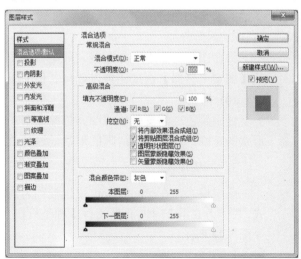

图 3.21　"图层样式"对话框

2. 图层样式的编辑

在 Photoshop 中，图层样式提供了 10 种形式，对图像效果进行编辑。

1) 投影

将为图层上的对象、文本或形状后面添加阴影效果。投影参数由"混合模式""不透明度""角度""距离""扩展"和"大小"等各种选项组成,通过对这些选项的设置可以得到需要的效果。

2) 内阴影

将在对象、文本或形状的内边缘添加阴影,让图层产生一种凹陷外观,内阴影效果对文本对象效果更佳。

3) 外发光

将从图层对象、文本或形状的边缘向外添加发光效果。

4) 内发光

将从图层对象、文本或形状的边缘向内添加发光效果。

5) 斜面和浮雕

将为图层添加高亮显示和阴影的各种组合效果。

6) 光泽

将对图层对象内部应用阴影,与对象的形状互相作用,通常创建规则波浪形状,产生光滑的磨光及金属效果。

7) 颜色叠加

将在图层对象上叠加一种颜色,即用一层纯色填充到应用样式的对象上。从【设置叠加颜色】选项可以通过"选取叠加颜色"对话框选择任意颜色。

图 3.22   图层混合模式

8) 渐变叠加

将在图层对象上叠加一种渐变颜色,即用一层渐变颜色填充到应用样式的对象上。通过【渐变编辑器】选项还可以选择使用其他的渐变颜色。

9) 图案叠加

将在图层对象上叠加图案,即用一致的重复图案填充对象。从【图案拾色器】选项还可以选择其他的图案。

10) 描边

使用颜色、渐变颜色或图案描绘当前图层上的对象、文本或形状的轮廓,对于边缘清晰的形状,这种效果尤其有用。

3. 图层模式

图层模式,在 Photoshop 中也被称为混合模式。图层混合模式,共分为 6 组 27 种,此外还有 4 种是只在一定条件下才会出现,如图 3.22 所示。

1) 组合模式组

(1) 正常(Normal):编辑或绘制每个像素,使其成为结果色。

(2) 溶解(Dissolve):编辑或绘制每个像素,使其成为结果色。但是,根据任何像素位置的不透明度,结果色由基色或混合色的像素随机替换。

2) 加深模式组

(1) 变暗(Darken)：查看每个通道中的颜色信息，并选择基色或混合色中较暗的颜色作为结果色。将替换比混合色亮的像素，而比混合色暗的像素保持不变。

(2) 正片叠底(Multiply)：查看每个通道中的颜色信息，并将基色与混合色进行正片叠底。结果色总是较暗的颜色。任何颜色与黑色正片叠底产生黑色。任何颜色与白色正片叠底保持不变。

(3) 颜色加深(Color Burn)：查看每个通道中的颜色信息，并通过增加二者之间的对比度使基色变暗以反映出混合色。与白色混合后不产生变化。

(4) 线性加深(Linear Burn)：查看每个通道中的颜色信息，并通过减小亮度使基色变暗以反映混合色。与白色混合后不产生变化。

(5) 深色(Darker Color)：比较混合色和基色的所有通道值的总和并显示值较小的颜色。"深色"不会生成第 3 种颜色(可以通过"变暗"混合获得)，因为它将从基色和混合色中选取最小的通道值来创建结果色。

3) 减淡模式组

(1) 变亮(Lighten)：查看每个通道中的颜色信息，并选择基色或混合色中较亮的颜色作为结果色。比混合色暗的像素被替换，比混合色亮的像素保持不变。

(2) 滤色(Screen)：查看每个通道的颜色信息，并将混合色的互补色与基色进行正片叠底。结果色总是较亮的颜色。用黑色过滤时颜色保持不变。用白色过滤将产生白色。

(3) 颜色减淡(Color Dodge)：查看每个通道中的颜色信息，并通过减小二者之间的对比度使基色变亮以反映出混合色。与黑色混合则不发生变化。

(4) 线性减淡(Linear Dodge)：查看每个通道中的颜色信息，并通过增加亮度使基色变亮以反映混合色。与黑色混合则不发生变化。

(5) 浅色(Lighter Color)：比较混合色和基色的所有通道值的总和并显示值较大的颜色。"浅色"不会生成第 3 种颜色(可以通过"变亮"混合获得)，因为它将从基色和混合色中选取最大的通道值来创建结果色。

4) 对比模式组

(1) 叠加(Overlay)：对颜色进行正片叠底或过滤，具体取决于基色。图案或颜色在现有像素上叠加，同时保留基色的明暗对比。不替换基色，但基色与混合色相混以反映原色的亮度或暗度。

(2) 柔光(Soft Light)：使颜色变暗或变亮，具体取决于混合色。此效果与发散的聚光灯照在图像上相似。如果混合色(光源)比 50%灰色亮，则图像变亮，就像被减淡了一样。如果混合色(光源)比 50%灰色暗，则图像变暗，就像被加深了一样。

(3) 强光(Hard Light)：对颜色进行正片叠底或过滤，具体取决于混合色。此效果与耀眼的聚光灯照在图像上相似。如果混合色(光源)比 50%灰色亮，则图像变亮，就像过滤后的效果。这对于向图像添加高光非常有用。如果混合色(光源)比 50%灰色暗，则图像变暗，就像正片叠底后的效果。

(4) 亮光(Vivid Light)：通过增加或减小对比度来加深或减淡颜色，具体取决于混合色。如果混合色(光源)比 50%灰色亮，则通过减小对比度使图像变亮。如果混合色比 50%灰色暗，则通过增加对比度使图像变暗。

(5) 线性光(Linear Light)：通过减小或增加亮度来加深或减淡颜色，具体取决于混合色。如果混合色(光源)比 50%灰色亮，则通过增加亮度使图像变亮。如果混合色比 50%灰色暗，则通过减小亮度使图像变暗。

(6) 点光(Pin Light)：根据混合色替换颜色。如果混合色(光源)比 50%灰色亮，则替换比混合色暗的像素，而不改变比混合色亮的像素。如果混合色比 50%灰色暗，则替换比混合色亮的像素，而比混合色暗的像素保持不变。这对于向图像添加特殊效果非常有用。

(7) 实色混合(Haard Mix)：将混合颜色的红色、绿色和蓝色通道值添加到基色的 RGB 值。如果通道的结果总和大于或等于 255，则值为 255；如果小于 255，则值为 0。

5) 比较模式组

(1) 差值(Difference)：查看每个通道中的颜色信息，并从基色中减去混合色，或从混合色中减去基色，具体取决于哪一个颜色的亮度值更大。与白色混合将反转基色值；与黑色混合则不产生变化。

(2) 排除(Exclusion)：创建一种与"差值"模式相似但对比度更低的效果。与白色混合将反转基色值。与黑色混合则不发生变化。

(3) 减去(Minus)：查看每个通道中的颜色信息，并从基色中减去混合色。在 8 位和 16 位图像中，任何生成的负片值都会剪切为零。

(4) 划分(Divide)：查看每个通道中的颜色信息，并从基色中分割混合色。

6) 色彩模式组

(1) 色相(Hue)：用基色的明亮度和饱和度以及混合色的色相创建结果色。

(2) 饱和度(Saturation)模式：用基色的明亮度和色相以及混合色的饱和度创建结果色。在无(0)饱和度(灰度)区域上用此模式绘画不会产生任何变化。

(3) 颜色(Color)：用基色的明亮度以及混合色的色相和饱和度创建结果色。这样可以保留图像中的灰阶，并且对于给单色图像上色和为彩色图像着色都会非常有用。

(4) 明度(Luminosity)：用基色的色相和饱和度以及混合色的明亮度创建结果色。此模式创建与"颜色"模式相反的效果。

3.3.2 操作步骤

1. 新建图像

新建一个宽度和高度分别为 297×210 毫米、分辨率为 300dpi、背景色为白色，名称为"中国风"的图像。

2. 导入海报素材

打开第 3 章素材文件夹中的"中国风-水墨素材.jpg"文件(图 3.23)和"中国风-石头素材.png"文件(图 3.24)，使用移动工具将素材拖动到海报图像中，并调整两个文件的相对位置。

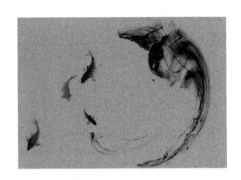

图 3.23　水墨素材

图 3.24　石头素材

3．输入字符文字

(1) 输入文字。选择文字工具 **T**，在素材上纵向输入中文"中国风" 3 个字。

(2) 修改字符属性。选择"字符"面板，在其中设置文字大小为 67 点，字体：行书繁，颜色为白色，如图 3.25 所示。

4．制作文字雕刻效果

(1) 按住 Ctrl 键单击该文字图层的【图层缩览图】区域，调出文字图层的选区，如图 3.26 所示。

图 3.25　编辑文字属性

图 3.26　调出文字图层选区

(2) 拖动【石头】文字图层至【创建新图层】按钮 处，复制该图层两次，生成石头图层副本及石头图层副本 1，如图 3.27 所示。

(3) 按 Delete 键，删除【石头副本 1】上文字选区内的内容。按 Ctrl+D 键，取消选区，单击"文字"图层前面的【指示图层可见性图标】，隐藏文字图层，如图 3.28 所示。

(4) 选择"石头副本 1"图层，单击"图层"面板中的【添加图层样式】按钮，打开"图层样式"对话框，选择【投影】选项，设置混合模式：正片叠底；不透明度：90%；角度(A)：134 度；距离：11 像素、扩展：0%、大小：5 像素，如图 3.29 所示。

(5) 选择【斜面和浮雕】选项，设置样式：外斜面；方法：雕刻清晰；深度：254 度；大小：2 像素；软化：0 像素，如图 3.30 所示。

图 3.27　复制"石头"素材图层

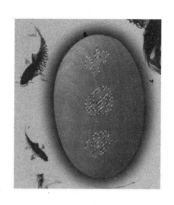

图 3.28　删除文字选区内内容

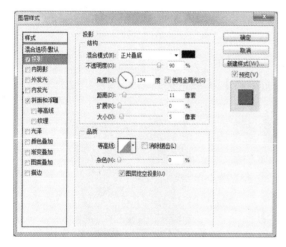

图 3.29　设置投影图层样式

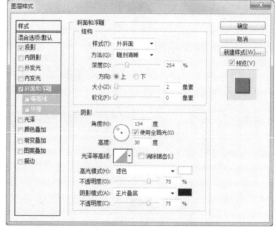

图 3.30　设置投影图层样式

(6) 按 Enter 键，效果如图 3.31 所示。

图 3.31　设置【图层样式】后的效果

(7) 选择多边形套索工具 ，将中国风文字勾勒出来，右击，在弹出的快捷菜单中选择【通过拷贝的图层】命令，如图 3.32 所示。

(8) 右击，弹出对话框，选择【取消选择】选项取消选区，调整最终图形的相对位置，最终效果如图 3.33 所示。

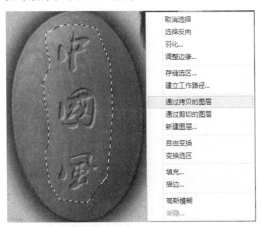

图 3.32　拷贝不规则图形

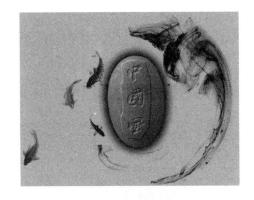

图 3.33　最终效果

3.4　本 章 小 结

本章主要介绍了图层的基本概念、特点、创建及使用方法，图层样式的特点及效果、图层模式的概念与特点，并运用【滤镜】、【剪贴蒙版】、【图层样式】、【图层模式】等命令，制作"火焰字"效果。通过本章的学习，读者能够了解图层的基本原理和特点，学习图像制作和处理中图层样式、图层混合模式的使用方法和技巧，并结合其他图像处理工具设计和制作出各种文字及图像的特殊效果。

3.5　思 考 与 练 习

一、填空题

1. 在 Photoshop 中为了防止图层的误操作可以_____。
2. 要在"图层"面板中创建新图层，只需单击这些图层前的_____图标即可。
3. 重复执行上一个【滤镜】操作的快捷键是_____。
4. 如何栅格化文本图层_____。

二、选择题

1. _____可以自由变换当前图层。
   A．按住 Ctrl 键在"图层"面板中单击这些图层
   B．选择【编辑】|【自由变换】命令

C．使用鼠标拖动

D．使用【图层面板】命令

2．如何删除当前图层？＿＿＿＿＿

A．单击【显示和隐藏图层】👁

B．更改图层的不透明度为 0

C．直接按 Delete 键

D．直接按 Esc 键

3．以下选项中不属于图层混合模式的是＿＿＿＿＿。

A．正常　　　　　B．强光　　　　　C．溶解　　　　　D．风

4．下列快捷键操作可以实现自由变换的是＿＿＿＿。

A．Ctrl+T　　　　B．Ctrl+ A　　　　C．Ctrl+ E　　　　D．Ctrl+ Shift +]

5．以下选项中不属于图层样式的是＿＿＿＿。

A．投影　　　　B．斜面和浮雕　　　C．高斯模糊　　　D．渐变叠加

三、思考题

1．什么是智能对象图层？

2．如何创建新建调整图层？

3．对齐图层的操作步骤是什么？

四、操作题

制作"龙形玉佩"效果图。"龙形玉佩"的图像效果主要应用了【添加图层模式】命令，将平面图像转化为立体图像。并对其添加了一些滤镜效果，制作出玉石的效果，效果如图 3.34 所示。

通过本操作的练习，读者能够复习巩固图层应用的基础知识。熟练掌握图层的创建和编辑；掌握滤镜工具的使用；熟练使用【图层模式】命令面板；掌握"玉"的材质效果的制作方法。应用本章所学的知识，完成上机操作，并学会举一反三，可制作出更加丰富多彩的图像效果。

图 3.34　"龙形玉佩"效果图

操作步骤如下：

(1) 新建一个 5×5 厘米、分辨率为 300dpi、背景色为白色的文件，名称为"龙形玉佩"。

(2) 单击"图层"面板中的【创建新图层】按钮 ，创建新图层。按 D 键设置前景色和背景色为默认的黑白色。选择【滤镜】|【渲染】|【云彩】命令。

(3) 选择【选择】|【色彩范围】命令，在弹出的"色彩范围"对话框内，用吸管工具单击图中的灰色，并调整颜色容差到图像显示足够多的细节时，单击【确定】按钮。

(4) 设置前景色，用吸管工具选择绿色 R,G,B(23,141,0)。

(5) 按 Alt+Delete 键，以前景色填充选区。

(6) 打开素材文件夹中的名为"龙形玉佩素材"文件，使用移动工具 将素材拖动到该图像中，调整图层位置。

(7) 按住 Ctrl 键单击该图层的【图层缩览图】，调出选中图层的选区。

(8) 选择绿色图层，选择工具栏中的矩形选框工具，右击选择【通过拷贝的图层】命令。

(9) 选择【添加图层样式】|【斜面与浮雕】命令，观察图像并反复调整【大小】值，制作出玉佩表面的圆润感。

(10) 选择【添加图层样式】|【光泽】命令，设置【混合模式】色块为绿色 R,G,B(0,255,42)。

(11) 选择【添加图层样式】|【投影】命令，设置距离：12，扩展：0，大小：13。

(12) 选择【添加图层样式】|【内发光】命令，设置【结构】色块为绿色 R,G,B(0,201,38)。

(13) 选择【添加图层样式】|【斜面与浮雕】|【阴影模式】命令，设置色块为绿色 R,G,B(3,171,39)。

(14) 按住 Ctrl 键单击该图层的【图层缩览图】，调出选中图层的选区，选择【新建图层】。选择油漆桶工具 ，在该选区内填充白色。

(15) 选择绿色图层，选择工具栏中的矩形选框工具，向下移动选区，按 Delete 键，删除选区内内容。

(16) 选择【滤镜】|【高斯模糊】命令，半径值为 4.5。按 Ctrl+D 键取消选区，调整细节，完成制作。

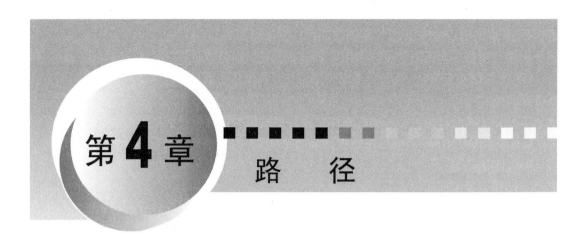

第**4**章　路　径

↘ **教学目标**

通过本章的学习，掌握使用钢笔工具创建路径的方法；掌握形状图层的基本使用方法；掌握选区与路径之间的转换。

知识目的：学习路径相关的创建修改以及钢笔和形状工具的使用方法。

能力目的：运用路径进行绘画。

重点与难点

重点：钢笔工具的应用。

难点：路径上锚点的调整以及路径锚点的转换。

↘ **教学要求**

知识要点	能力要求	关联知识
钢笔工具的使用	能根据需要进行物体外形绘制	钢笔工具、路径
路径	掌握对路径的调整及后期处理	路径、"路径"面板
形状图层	掌握对形状图层内容的处理	更改图层内容

4.1 路 径 概 述

Photoshop 虽然是一款位图处理软件，但为了增强绘图能力，在位图处理工具的基础上引入了矢量类型工具。这一类工具的使用方法及产生出来的结果都具有典型的矢量特征，其中最为常用的就是钢笔工具。路径是矢量对象并不是真正的图像，不包含像素，所以必须进行填充或者是描边，然后才能产生出来具有矢量风格的图形。

4.1.1 路径基础

1. 路径

Photoshop 中使用钢笔工具🖊绘制的矢量图形称为路径。其优点是可以勾画平滑的曲线，在缩放或者变形之后仍能保持平滑效果，Photoshop 中包含以下 3 种类型的路径。

开放路径：绘制的时候起始点与结束点不重合的路径称为开放路径，如图 4.1 所示。

闭合路径：使起始点与终点重合就可以得到闭合路径，如图 4.2 所示。

 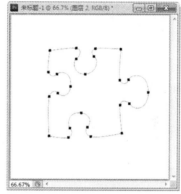

图 4.1　开放路径　　　　　　　　图 4.2　封闭路径

复合路径：路径还可以是组合形式的，这种路径叫做复合路径，其中的单个路径称为子路径，如图 4.3 所示。

图 4.3　复合路径

2. 锚点

路径上调节点称为锚点，锚点可以分为：平滑锚点和角锚点。

平滑锚点： 链接曲线的锚点，如图 4.4 所示。

角锚点： 连接形成直线或者是转角的锚点，如图 4.5 所示。

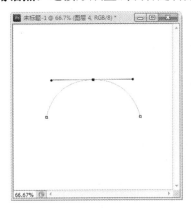
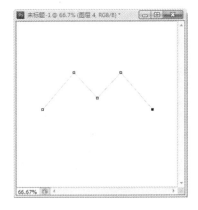

图 4.4　平滑锚点　　　　　　　　　　　图 4.5　角锚点

3. "路径"面板

通常对路径的处理主要有转换为选区、使用颜色填充和描边的轮廓，这些操作主要都是在"路径"面板上进行的，如图 4.6 所示。

用前景色填充路径 ◎：使用前景颜色对绘制好路径进行填充。

描边路径 ◯：使用前景色对路径进行描边。

将路径作为选区载入 ◯：把现有的路径生成选区。

从选区生成工作路径 ◇：把现有的选区生成工作路径。

新建路径 ◻：创建新的工作路径。

删除路径 🗑：删除不需要的路径。

图 4.6　"路径"面板

4.1.2　绘图模式

在 Photoshop 中使用形状工具或钢笔工具进行绘图时，选项栏中有形状图层、路径、填充像素 3 种绘图模式可供选择。

(1) 形状图层▢：在单独的图层中创建形状。因为可以方便地移动、对齐、分布形状图层以及调整其大小，所以形状图层非常适于为 Web 页创建图形。形状图层包含定义形状颜色的填充图层以及定义形状轮廓的链接矢量蒙版，它出现在"路径"面板中，如图 4.7 所示。

图 4.7　形状图层

(2) 路径▨：即在当前图层中绘制一个工作路径，可随后使用它来创建选区、矢量蒙版，或者使用颜色填充和描边以创建栅格图形(必须配合使用其他绘画工具，否则它没有任何意义)。路径出现在"路径"面板中，如图 4.8 所示。

图 4.8　路径模式

(3) 填充像素▢：即直接在图层上绘制，与绘画工具的功能非常类似。在此模式中工作时，创建的是栅格图像，而不是矢量图形。可以像处理任何栅格图像一样来处理绘制的形状，如图 4.9 所示。

图 4.9　填充像素模式

4.2 鼠标的绘制

 案例说明

本案例主要通过绘制路径及配合使用图层样式面板来完成鼠标的整体绘制。该案例的主要目的是掌握钢笔工具创建路径的方法，以及如何对路径进行编辑，如何转化路径上的锚点，并且配合图层样式相关内容，以及光线运用的能力，来达到绘制逼真鼠标的目的，效果图如图 4.10 所示。

图 4.10　鼠标效果图

4.2.1　相关知识及注意事项

1. 钢笔工具

标准钢笔工具🖋：可通过绘制节点来绘制具有最高精度的图像。

自由钢笔工具🖋：可自由绘制路径，然后路径上会自动添加节点。自由钢笔的【磁性】复选框选中后，还可以转化为磁性钢笔工具🖋，用于绘制与图像中已定义区域的边缘对齐的路径。

1) 绘制直线

选择钢笔工具🖋后，在画布上单击创建一个锚点，将鼠标移动到另外一个位置单击，创建下一个锚点，依次类推，可以通过这个方式来创建由角点连接的直线，如图 4.11 所示。

2) 绘制曲线

选择钢笔工具🖋绘制曲线，首先在画面中点击拖曳形成平滑点，鼠标移动到下一个目标点同样拖曳创建新的平滑点，依次类推，用这种办法来绘制曲线，如图 4.12 所示。

2. 路径的调整

路径的调整可以使用路径选择工具▶、直接选择工具▶，或使用钢笔工具🖋，配合快捷键直接进行调整，可调整的部分有锚点、曲线及方向手柄，具体调整方法见表 4-1。

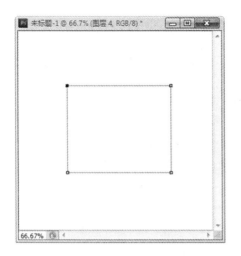

图 4.11　直线路径绘制图

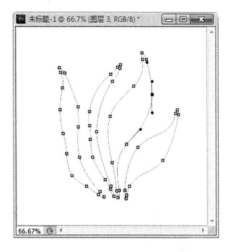

图 4.12　曲线路径效果图

表 4-1　路径的调整方法

可调整部分	方法 1	方法 2
锚点	选择工具	钢笔工具+Ctrl 键
曲线	选择工具	钢笔工具+Ctrl 键
方向点	直接选择工具	钢笔工具+Alt 键
方向线	直接选择工具	钢笔工具+Alt 键

4.2.2　操作步骤

1．绘制鼠标基本形状

(1) 新建一个名称为"鼠标"，长度和宽度分别为 547×425 像素，颜色模式为 RGB，分辨率为 100dpi，背景色为白色的图像文件。

(2) 在图层面板中新建图层并命名为"鼠标顶面"，在工具箱中选择钢笔工具，在选项栏中选择【路径绘制模式】，开始绘制鼠标的主要部分，如图 4.13 所示。

(3) 双击工作路径进行存储路径，按 Ctrl+Enter 键把路径生成选区，并填充前景色 #30322D，如图 4.14 所示。

提示：在进行绘制的过程中要不断地双击工作路径进行路径的存储，这样方便在后面进行更改的时候，随时能够调用路径，并且能够对路径进行单独的调整，方便修改操作。

(4) 在"图层"面板中单击【新建图层】按钮，新建图层并命名为"鼠标侧面"，继续使用钢笔工具绘制鼠标侧面，任意选择一个颜色填充该路径，如图 4.15 所示。

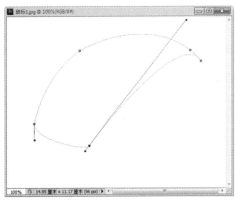

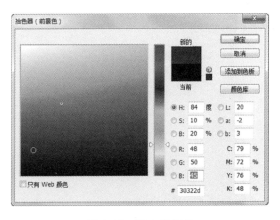

图 4.13　钢笔工具描绘路径　　　　　　　　图 4.14　填充前景色

（5）双击"鼠标侧面"图层，为图层添加"渐变叠加"图层样式，效果如图 4.16 所示。渐变效果的左侧色彩滑块的数值是#9A9A92，中间的色彩滑块数值是#7B784F，右侧的色彩滑块数值是#54544E，如图 4.17 所示。

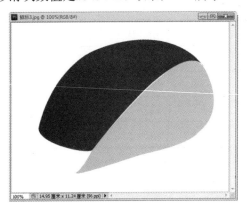

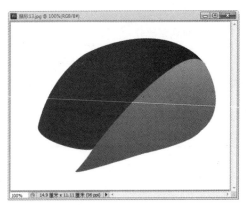

图 4.15　描绘鼠标侧面　　　　　　　　　图 4.16　渐变填充效果

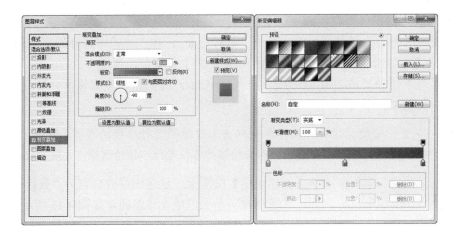

图 4.17　渐变填充编辑器

(6) 在"图层"面板中单击【新建图层】按钮 🖿，新建图层并命名为"鼠标前面"，运用钢笔工具🖉进行鼠标前面部分的绘制，如图 4.18 所示。

提示：在进行绘制的过程中要不断地新建图层，这样方便后面进行更改的时候，随时能够找到需要进行调整的图层，方便进行图层样式的设定，或者是对图层的相关编辑，也可以方便地在所在图层上添加效果。

(7) 新建图层命名为"顶部滑轮"，运用钢笔工具🖉进行鼠标顶部滑轮部分的绘制，如图 4.19 所示。

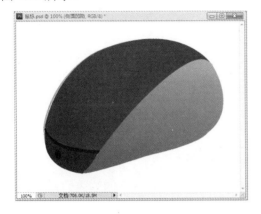

图 4.18　鼠标前面

图 4.19　鼠标顶部滑轮

提示：在运用钢笔工具进行曲线的绘制的时候要注意，尽量使锚点连接的线平滑，尽量让锚点的拉柄顺着曲线的走向，这样绘制出的线条才能更流畅，效果平顺，不出现生硬的角。如果碰到尖锐的拐角线条的时候，要转换夹角处的锚点性质，使线条看上去更自然，转角处更真实。

(8) 新建图层并命名为"侧面凹陷"，运用钢笔工具进行鼠标侧面凹陷部分的绘制，如图 4.20 所示。

图 4.20　鼠标侧面凹陷

(9) 为鼠标侧面凹陷添加图层样式效果，使鼠标的立体感和光泽感加强。渐变的左边滑块数值是#747771；中间滑块数值是#E5E7E4；右边滑块数值是#858480，如图 4.21 所示。

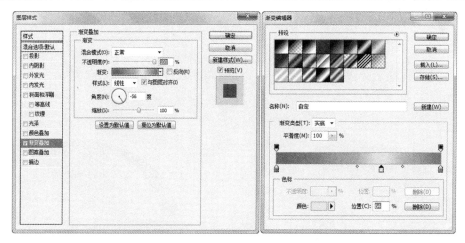

图 4.21　侧面凹陷图层样式参数

(10) 新建图层并命名为"侧面按钮"，运用钢笔工具进行鼠标侧面凹陷内的按钮绘制，如图 4.22 所示。

图 4.22　鼠标侧面按钮

2．添加立体效果

(1) 选择钢笔工具，绘制鼠标高光转折面路径，并执行【滤镜】|【模糊】|【动感模糊】命令使鼠标侧面转折处产生光泽感，突出立体效果，如图 4.23 所示。

(2) 用钢笔工具把鼠标细节处的光感绘制出路径，执行【滤镜】|【模糊】|【高斯模糊】命令完成鼠标的最终效果，如图 4.24 所示。

图 4.23　鼠标转折面高光

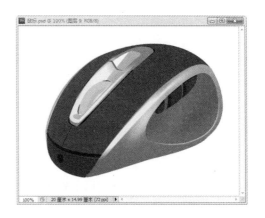

图 4.24　鼠标细节光感效果

4.3　网页播放器按钮绘制

案例说明

　　本案例主要通过使用形状工具，绘制形状图层，并修正其内容，绘制网页按钮。效果如图 4.25 所示。

图 4.25　最终效果图

4.3.1　相关知识及注意事项

　　1. 形状工具

　　形状工具是比较典型的矢量类型工具，它包括矩形工具、圆角矩形工具、椭圆工具、多边形工具、直线工具和自定形状工具，如图 4.26 所示。

　　每一种形状工具都对应着不同的工具选项栏，其中圆角矩形工具的半径选项控制圆角的大小，如果设置的量相对较大，超过绘制矩形的形状，可以绘制出胶囊形状。

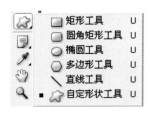

图 4.26   形状工具组

2．形状图层

选择形状图层绘制模式后，在"图层"面板自动产生的形状图层上，绘制出来的路径自动闭合形成矢量图形，默认为纯色(前景色)填充。

矢量图形可以用来创建自定形状库，也可以编辑形状的轮廓(称为路径)及通过执行【图层】|【更改图层内容】下的命令(如描边、填充颜色和样式)更改形状图层的属性，如图 4.27 所示。

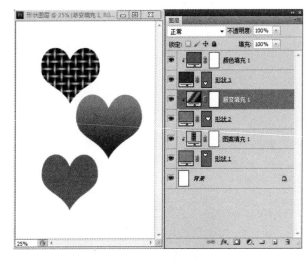

图 4.27   形状图层

注意：

(1) 形状图层即在单独的图层中创建形状。形状图层包含定义形状颜色的填充图层以及定义形状轮廓的链接矢量蒙版。

(2) 形状轮廓是路径，它出现在"路径"面板中，可以使用形状工具或钢笔工具来创建形状图层。

(3) 只有在形状图层栅格化后才可以在其上使用位图工具。

(4) 保持形状图层(不进行栅格化及合并)的好处是可以随意放大及缩小画布，而图片本身不失真。

(5) 可以通过执行【编辑】|【键盘快捷键】命令为菜单命令附加快捷键。

4.3.2　操作步骤

(1) 执行【文件】|【新建】命令，新建 500×500 像素，分辨率为 100dpi，颜色模式为 RGB，名称为"按钮"的图像。

(2) 在图层面板上单击【新建图层】按钮，新建一个图层，命名为"金属圆"，选择椭圆形状工具，按住 Shift 键绘制正圆，填充前景色，如图 4.28 所示。

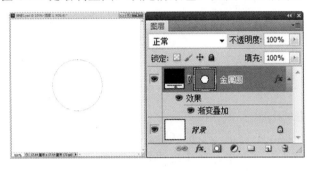

图 4.28　形状绘制示例图

(3) 双击金属圆图层，打开"图层样式"对话框，在其中选择【渐变叠加】样式，单击【渐变颜色】框右侧的下三角按钮，追加渐变库中的金属渐变选择"银色渐变"，参数设定参照如图 4.29 所示。

(4) 在"图层样式"对话框中选择描边，其中描边大小为 1 像素，位置：外部，填充类型：减半，渐变颜色：由黑色到白色，样式：线性，如图 4.30 所示。

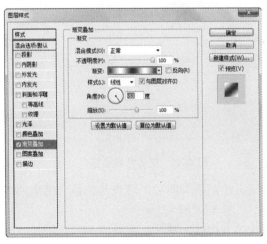

图 4.29　"图层样式"对话框

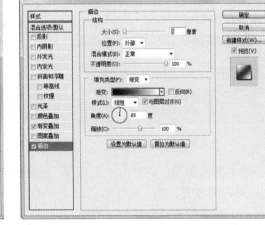

图 4.30　渐变编辑器

(5) 复制金属圆图层，更改图层名称为"蓝色圆"，执行自由变换(快捷键 Ctrl+T)，按住 Alt+Shift 键，中心不变向内收缩蓝色圆，如图 4.31 所示。

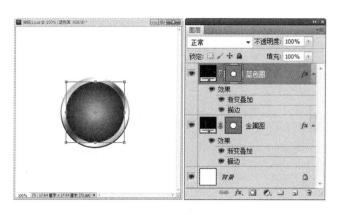

图 4.31　形状图层

(6) 调整复制图层的样式参数，样式选择径向渐变，颜色参数设定如图 4.32 所示，左侧滑块颜色数值#002B44，右侧滑块数值#00FCFF。

(7) 在"图层样式"对话框中选择【描边】复选框，其中描边大小为 1 像素，位置：外部，填充类型：渐变，渐变颜色：由黑色到白色，样式：线性，如图 4.33 所示。

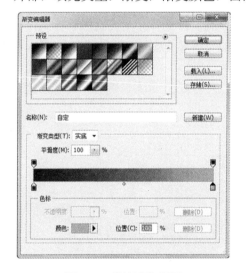

图 4.32　渐变颜色设置

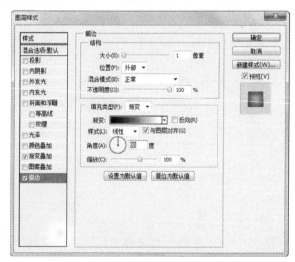

图 4.33　描边参数设置

(8) 新建图层，命名为"高光"，使用椭圆工具绘制椭圆路径，填充为白色到透明的渐变色彩，同样的方法，制作蓝色圆下部的高光，如图 4.34 所示。

(9) 新建图层，命名为"箭头"，在自由形状工具中载入形状，选择箭头 4，设置图层样式为内阴影，效果如图 4.35 所示。

(10) 新建图层，命名为"斜向箭头"，移动斜向箭头图层到金属圆图层的下方，选择自由形状中的箭头 9，在圆的右上方绘制斜向的箭头。自由变换，旋转箭头的方向到合适的位置，如图 4.36 所示。

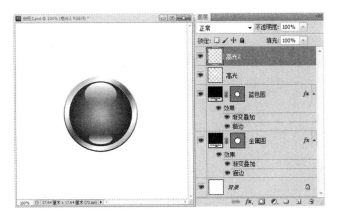

图 4.34 高光效果

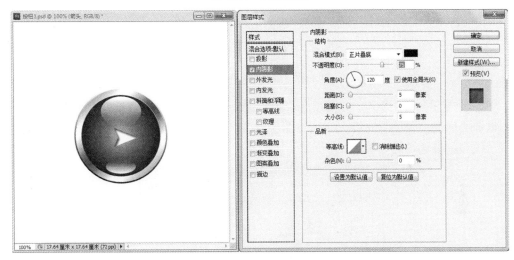

图 4.35 绘制箭头

图 4.36 斜向箭头绘制

(11) 双击斜向箭头图层，对该图层设置图层样式渐变叠加，选择银色渐变，描边为黑色，参数设定如图 4.37 所示。

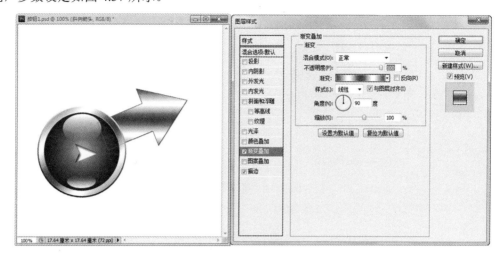

图 4.37 斜向箭头图层样式

(12) 复制斜向箭头图层，改图层名称为斜向箭头 2，执行自由变换，并且按住 Alt+Shift 键，以中心店向内收缩斜向箭头，调整图层样式参数，选择渐变叠加，调整为黑白渐变，并取消描边。参数设定如图 4.38 所示。

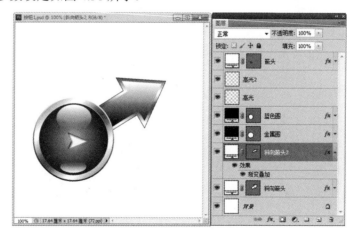

图 4.38 形状效果图

(13) 选择文字工具，输入 Play 文字，执行自由变换调整文字的大小方向，双击文字图层，设置文字的图层样式为渐变叠加，参数设定如图 4.39 所示。

(14) 为文字图层添加描边图层样式，颜色为黑色，大小为 1 像素，位置是外部，如图 4.40 所示，完成图像制作。

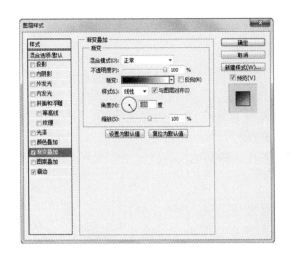

图 4.39 图层样式

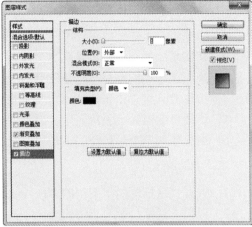

图 4.40 图层样式

4.4 本 章 小 结

本章主要通过"鼠标绘制""网页按钮设计制作"案例介绍了如何在 Photoshop 中应用钢笔工具进行矢量图形的绘制，通过对钢笔工具的熟悉和使用，了解路径的相关知识，熟练应用钢笔工具进行路径的创建，路径的编辑以及路径上各个锚点的转换，学习了"路径"面板的相关操作，充分地了解矢量图形的绘制和编辑变换。同时还学习了形状工具的应用，形状的创建编辑和变换。此外还介绍了其他工具配合路径和形状图层的相关使用技巧。通过本章的学习，读者应该可以在 Photoshop 中进行任何矢量的绘画效果。可以通过鼠标进行图形的设计绘制和修改。

4.5 思 考 与 练 习

一、选择题

1. 通常可以使用_____工具来绘制路径。
   A. 钢笔　　　　　　B. 画笔　　　　　C. 路径选择　　　D. 选框
2. 绘制标准五角星使用_____工具。
   A. 画笔　　　　　　B. 多边形套索　　C. 铅笔　　　　　D. 多边形
3. 固定路径的点通常被称为_____。
   A. 端点　　　　　　B. 锚点　　　　　C. 拐点　　　　　D. 角点
4. 使用钢笔工具创建直线点的方法是_____。
   A. 用钢笔工具直接单击
   B. 用钢笔工具单击并按住鼠标按键拖动
   C. 用钢笔工具单击，并按住鼠标左键拖动使之出现两个手柄，然后按住 Alt 键单击
   D. 按住 Alt 键的同时用钢笔工具单击

二、判断题

1. 钢笔工具是绘制路径的唯一工具。　　　　　　　　　　　　　　　　（　　）
2. 任何形状的路径都可以被定义为自定义形状。　　　　　　　　　　　　（　　）
3. 画面上绘制的路径一定是闭合的。　　　　　　　　　　　　　　　　　（　　）
4. 按住 Ctrl 键单击锚点，可以将平滑锚点转换为角点。　　　　　　　　（　　）
5. 使用形状工具，系统一定会自动生成形状图层。　　　　　　　　　　　（　　）
6. 如果想在一个形状图层上使用滤镜，必须要先栅格化。　　　　　　　　（　　）

三、操作题

1. 根据"鼠标绘制"案例的方法，绘制矢量风格图像，如图 4.41 所示。
2. 根据"鼠标绘制"案例的方法，为人物素材图片(图 4.42)，绘制二维动画形象图。

图 4.41   图 4.42

提示：绘制人物依次顺序和相关方法如下。

(1) 应用钢笔工具绘制背景，在进行背景绘制的时候可以适当地配合使用滤镜。

(2) 绘制头发和脸部身体与脖子的大体轮廓线稿，尽量在绘制的过程中新建图层组，分步骤进行绘制，方便后期调整。

(3) 绘制脸部五官，在绘制五官的时候要通过观察人体的五官比例关系来进行绘制，并且要观察五官的细节特点来进行细节的刻画。绘制眼睛的时候要分上眼睑、下眼睑、眼球、虹膜、瞳孔和高光等部分进行绘制。

(4) 在进行衣服的绘制时要参考人体结构动态下衣纹的产生方向和形态。

(5) 绘制毛发的时候要参考光线的变化和人体头部的球体感，以及发丝的丝状感觉，通过路径的描边操作配合描边是画笔的形状动态来进行发丝的绘制。

第 **5** 章　文字工具

↘ 教学目标

通过本章的学习，了解如何使用文字工具创建点文字、段落文字、路径文字；熟练使用文字图层制作文字效果和文字变形效果。

学习目标：

掌握文字输入工具的使用。

掌握点文字、段落文字和路径文字的创建方法。

掌握文字编辑的方法及应用。

↘ 教学要求

知识要点	能力要求	关联知识
文字工具	字符文字的创建与编辑	创建水平或垂直字符文字；文字工具栏属性设置。案例：金属字效果制作
文字变形	文字属性的设置与编辑	文字变形属性设置
段落文字	熟练运用"文字"面板设置字符文字属性	文字的大小、颜色、间距等属性的设置。案例："Dieter Rams：优秀设计的十条准则"海报的制作
创建文字路径	熟练掌握在路径上创建并编辑文字的方法	案例：制作"萌宠联盟"印章

5.1 金属字的制作

 案例说明

　　本案例主要应用文字工具制作金属字的效果。通过本案例的学习，可以帮助读者理解和学习点文字的创建和编辑方法，并综合运用【图层样式】命令对文字图层进行编辑。案例效果如图 5.1 所示。

图 5.1　金属字效果图

5.1.1　相关知识及注意事项

　　字符文字的创建与编辑

　　文字处理是 Photoshop 中较为重要的内容。使用文字工具可以创建各种类型的文字，使用字符面板和段落面板可以更改文字的属性。通过对文字进行变形，可以制作各种类型的特效文字，以满足平面设计作品中字体设计及海报设计的需要。

　　1) 文字的输入

　　在 Photoshop 中按住工具箱中的文字工具按钮 T 不放，可展开其工具条，各工具用途如图 5.2 所示。

图 5.2　文字工具组

　　横排文字工具和直排文字工具用于创建点文本、段落文本和路径文本。

　　横排文字蒙版工具和直排文字蒙版工具用于创建文字选区。

　　文字图层的取向决定了文字行相对于文档窗口(对于点文字)或定界框(对于段落文字)

的方向。当文字图层垂直时，文字上下排列；当文字图层水平时，文字左右排列。具体操作方法如下。

方法 1：选择一个文字工具，然后单击选项栏中的【文本方向】按钮 。

方法 2：选择文字，执行【图层】|【文字】|【水平】(或【垂直】)命令。

2) 输入点文字

点文字是一个水平或垂直文本行，从单击的位置开始，行的长度随着编辑增加而增加，但系统不能自动换行。具体操作方法如下。

(1) 选择横排文字工具或直排文字工具选项。

(2) 在文件中单击。

(3) 在选项栏中可预先设置文字的字体、大小、颜色等命令，然后输入文字，输入文字后，单击属性栏中的【确认】按钮或按 Enter 键，效果如图 5.3 所示。

图 5.3   文字工具属性栏及点文字效果

3) 文字的编辑

在 Photoshop 中，文字是由基于矢量的文字轮廓组成的。当输入文字时，"图层"面板中会自动生成一个新的【文字】图层。文字输入完成后，可以继续对文字进行编辑、更改已经完成的文字属性，包括字体、大小、颜色等。

注意：将文字图层栅格化后，Photoshop 会将基于矢量的文字轮廓转换为像素轮廓属性。栅格化后的文字不再具有矢量轮廓，并且再不能作为文字进行编辑。

5.1.2   操作步骤

制作文字图层

(1) 新建一个宽度和高度为 700×700 像素、分辨率为 300dpi、透明背景，名称为"金属字"的图像。

(2) 选择【渐变工具】 ，填充一个由红到黑的渐变色作为背景，如图 5.4 所示。

(3) 选择【文字工具】 ，在文档中部输入字母"METAL"，如图 5.5 所示。

(4) 选中【METAL】文字图层，执行【编辑】|【自由变换】命令(快捷键 Ctrl+T)对文字进行变形，如图 5.6 所示。

(5) 单击"图层"面板中的【图层样式】 按钮，选择【描边】选项，为文字进行描边，其中描边的大小为 2，颜色为黑色，位置为外部，效果如图 5.7 所示。

图 5.4　背景填充

图 5.5　输入点文字

图 5.6　变形文字

图 5.7　文字图层描边

　　(6) 选择【内发光】和【斜面和浮雕】图层样式，最终生成浮雕立体效果，具体参数设置如图 5.8、图 5.9 所示。

图 5.8　内发光参数设置

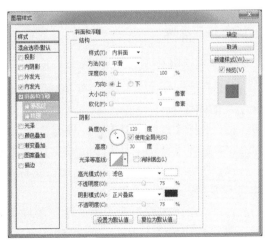

图 5.9　斜面和浮雕参数设置

(7) 选择文字图层，右击，在打开的快捷菜单中选择【栅格化文字】命令，将基于矢量的文字轮廓转换为像素轮廓属性。

(8) 按住 Ctrl 键，单击文字图层的【图层缩览图】区域，调出文字图层的选区，如图 5.10 所示。选择渐变工具 ▣ ，设置渐变颜色样式，如图 5.11 所示。

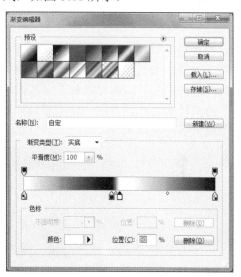

图 5.10 调出文字图层选区

图 5.11 渐变色填充

(9) 新建图层并命名为"文字轮廓"，为选区进行渐变颜色填充。填充好后取消选区，效果如图 5.12 所示。

(10) 打开第 5 章素材文件夹中的"星光.png"图像，使用移动工具将无底色的星光素材拖入"金属字"文档，调整其大小及位置。

(11) 制作完图像以后，对整体观察图像，对不满意的地方进行局部修改，并得到最终效果，如图 5.13 所示。

图 5.12 渐变填充效果

图 5.13 调整星光素材

5.2 文字海报制作

 案例说明

本案例应用"文字变形""文字方向转换""段落间距的设置""字符属性"等知识点，制作了一幅主要利用文字的变形来模拟图像的海报效果，具有较强的视觉吸引力，同时信息的传达也很完整。该案例创意以德国设计大师"Dieter Rams"先生关于好设计的十条标准作为设计出发点，力图通过文字的倾斜及大小变化，传达出动极富动态感的视觉效果，图像效果如图 5.14 所示。

图 5.14 "Dieter Rams：优秀设计的十条准则"海报效果图

5.2.1 相关知识及注意事项

1. 文字变形

创建变形文字效果可以在"图层"面板上选择要变形的文字图层，单击选项栏中的【变形文字】按钮，打开如图 5.15 所示的"变形文字"对话框。

从【样式】弹出式菜单中选取一种变形样式，然后选择变形效果的方向："水平"或"垂直"。如果需要，可指定其他变形选项的值，如图 5.16 所示。

【弯曲】选项指定对图层应用变形的程度。

【水平扭曲】、【垂直扭曲】选项会对变形应用透视。

以上设置完成后，单击选项栏中的【确认】按钮或按 Enter 键。

图 5.15　"变形文字"对话框

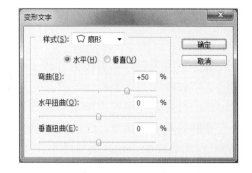

图 5.16　设置"变形文字"对话框

设置文字变形后，可以通过执行下面的操作，取消文字变形。

(1) 选择已应用了变形的文字。

(2) 选择文字工具【T】，然后单击选项栏中的【变形】按钮 。

(3) 从【样式】下拉列表中选择"无"，单击【确定】按钮，可取消文字变形。

2. "字符"面板

通过使用"字符"面板可以对已经输入好的文字进行编辑，包括改变文字的颜色、大小等属性，如图 5.17 所示。

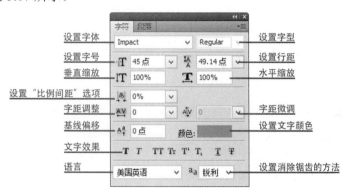

图 5.17　"字符"面板

(1)【设置行距】 ：可按指定的尺寸调整所选字符的行距。

(2)【设置"比例间距"选项】 ：设置所选字符的比例间距，在下拉列表中选择 0%～100% 的比例值，其中数值越大，字符的间距越小。

(3)【字距调整】 ：改变所选文字整体的字符间距，可在编辑框中输入具体数值，或在下拉列表中进行选择。其中正值使文字的间距变大，负值使文字的间距缩小。

(4)【字距微调】 ：改变鼠标所在位置处两字符的间距，可在编辑框中输入具体数值，或在下拉列表中选择。其中正值使文字的间距变大，负值使文字的间距缩小。

(5)【基线偏移】 <u>A+ 0点</u> ：设置基线偏移量，在数值框中输入一个非 0 数值(正值上升，负值下降)。

(6)【垂直缩放】和【水平缩放】 <u>IT 100%</u>　<u>T 100%</u> ：分别控制文本在垂直方向和水平方向的缩放比例。

3. 段落文字

段落文字用于创建和编辑内容较多的文字信息，通常为一个或多个段落。输入段落文字时，文字被限制在定界框内，文字可以在定界框中自动换行，以形成块状的区域文字。文字定界框可以是在图像中画出一矩形范围，也可以将路径形状定义为文字定界框，通过调整定界框的大小、角度、缩放和斜切来调整段落文字的外观效果，具体操作如下。

(1) 在工具箱中，选择横排文字工具 **T** 或直排文字工具 **IT** 。

(2) 将鼠标指针移到图像窗口，按下鼠标左键，拖出一个矩形框。

(3) 在选项栏中，设置文字选项，输入文字。要输入新段落，按 Enter 键换段，如果输入的文字超出外框所能容纳的大小，外框上将出现溢出图标，如图 5.18 所示。

(4) 按住 Alt 键，调整外框的大小、旋转或倾斜外框。调整完成后，单击选项栏中的【确定】按钮 ✓ ，最后效果如图 5.19 所示。

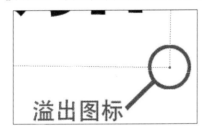

图 5.18　溢出图标

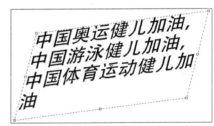

图 5.19　段落文字输入效果

4. "段落"面板

执行【窗口】|【段落】命令，打开如图 5.20 所示的"段落"面板。在该面板中可设置所选文字段落的对齐方式、段前距、段后距、左缩进、右缩进及首行缩进等段落属性。

要编辑段落文本，首先要选择需要进行编辑的段落，然后使用"段落"面板为文字图层中的单个段落、多个段落或全部段落设置格式选项。

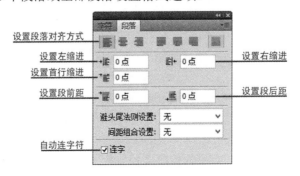

图 5.20　"段落"面板

5.2.2 操作步骤

1. 新建图像文件

新建一个大小为 2480×3508 像素(国际标准纸张 A4)、分辨率为 300dpi、背景色为白色、名称为"Dieter Rams:优秀设计的十条准则"、颜色模式为 RGB 的文档,如图 5.21 所示。

2. 导入海报素材

打开第 5 章素材文件夹中的"白蓝.jpg"的文件,使用移动工具▶将素材拖到海报图像中,如图 5.22 所示。

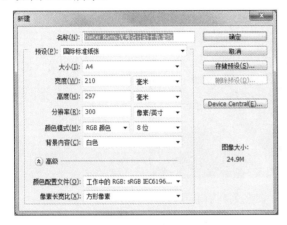

图 5.21　新建图像

图 5.22　导入海报素材

3. 输入字符文字

(1) 输入点文字。选择文字工具T,在素材上方输入英文"GOOD"。

(2) 修改字符属性。在"字符"面板中设置文字大小为 164 点,字体 Impact,颜色为白色,如图 5.23 所示。

(3) 执行【编辑】|【自由变换】命令(快捷键 Ctrl+T),对文字进行旋转变换,在选项栏中输入旋转角度为 45,使文字图层顺时针旋转 45°,如图 5.24 所示。

图 5.23　编辑文字属性

图 5.24　变换文字方向

(4) 选择文字工具 T，在素材中输入英文 "DESIGN"。设置文字大小为 164 点，字体 Impact，颜色为 R,G,B(7,177,240)。

(5) 执行【编辑】|【自由变换】命令(快捷键 Ctrl+T)，对文字进行旋转变换，在选项栏中输入旋转角度为-45，使文字图层逆时针旋转 45°，如图 5.25 所示。

(6) 选择文字工具 T，在素材中分别输入关于 "Dieter Rams" 的宣传广告文字。打开 "字符" 面板 ，在其中设置文字大小为 21 点，字体 Impact，颜色为 R,G,B(7,177,240)。

图 5.25   调整文字方向

(7) 按 Ctrl+T 键对文字进行自由变换，在选项栏中输入数值-45，使文字图层逆时针旋转 45°，如图 5.26 所示。

(8) 按照同上的方法，分别在素材中输入关于 "80's" 和 "Dieter Rams" 等文字，并调整文字大小：50 点；字体：Impact；文字方向：顺时针旋转 45°，如图 5.27 所示。

图 5.26   自由变换文字

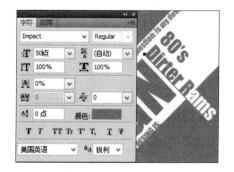

图 5.27   编辑输入文字

(9) 调整点文字的位置，合理安排每个文字图层在整个海报中的位置。

4. 输入段落文字

(1) 建立段落文字。选择文字工具 T，在文件下方拖动出一个矩形段落文字框，并在其中输入关于优秀设计的十条准则的英文文字。

(2) 修改字符属性。打开"字符"面板，在其中设置文字大小为 20 点，行间距为 27 点，颜色为白色。

(3) 执行【编辑】|【自由变换】命令，在工具选项栏内输入数值 45，使文字图层顺时针旋转 45°，编辑后的效果如图 5.28 所示。

(4) 利用相同的方法建立上半部分段落文字，如图 5.29 所示。

图 5.28　编辑十条准则的英文文字

图 5.29　编辑展览地点文字

5. 完善海报设计

(1) 选择矩形选框工具，使用鼠标左键拖出一个条形选区。

(2) 单击"图层"面板上的【创建新图层】按钮(快捷键 Ctrl+Shift+N)，创建一个新的图层，如图 5.30 所示。

图 5.30　创建新图层

(3) 选择油漆桶工具，在该选区内填充白色为 R,G,B(7,177,240)。

(4) 执行【编辑】|【自由变换】命令(快捷键 Ctrl+T)，对该图层进行旋转变换，在【工具选项栏】|【旋转角度】选项内输入数值 45，使该图层顺时针旋转 45°，按 Enter 键，完成文字变换，按 Ctrl+D 键，取消选区，如图 5.31 所示。

(5) 运用同样的方法，完成另一条直线。并调整直线在整个图层内的位置关系。

(6) 制作完图像以后，对整体图像进行观察、调整，并对其中不满意的地方进行局部修改，最终效果如图 5.32 所示。

图 5.31　调整填充选区角度

图 5.32　最终效果

5.3　印　章　制　作

 案例说明

本案例主要应用"文字路径""文字变形""文字方向转换""段落间距的设置"等知识点，制作一幅印章效果图。设计效果如图 5.33 所示。

图 5.33　"萌宠联盟"印章效果图

5.3.1　相关知识及注意事项

1. 路径文字的创建

路径文字就是可以输入沿着用钢笔或形状工具创建的工作路径的边缘排列的文字，使用文字工具在路径上单击，在插入点输入文字即可，具体操作如下。

(1) 在工具箱中，选择钢笔工具 或形状工具 ，绘制需要的路径。

(2) 在工具箱中，选择横排文字工具 或直排文字工具 。

(3) 将鼠标指针移到路径上,当出现基线指示符▣时,单击,路径上会出现一个插入点,然后输入文字。横排文字沿着路径显示,与基线垂直。直排文字沿着路径显示,与基线平行,效果如图 5.34 所示。

图 5.34　心形路径文字

2. 路径文字的编辑

创建好路径文字后,如果对文字的属性不满意,需要对其进行编辑修改,这时需要先选择文字,单击选项栏中的【显示/隐藏字符和段落面板】按钮▣,打开“字符”面板,在其中对属性进行编辑修改。

在路径上如果需要移动或翻转文字,可执行以下操作。

(1) 选择直接选择工具▣或路径选择工具▣,并将该工具放在文字上,指针会变为带箭头的 I 型光标▣。

(2) 单击路径上的小圆圈,沿路径拖动文字。拖动时要小心,避免跨越到路径的另一侧。

注意:要横跨路径移动文字而不更改文字的方向,可以使用“字符”面板中的【基线偏移】选项▣ 0点▣。编辑好路径文字后,如果对路径的形状不满意,可以使用路径工具▣对路径的形状进行编辑。

5.3.2　操作步骤

1. 新建图像文件

新建一个大小为 500×500 像素、分辨率为 300dpi、背景内容为透明、名称为“萌宠印章”、颜色模式为 RGB 的图像。

注:公章的大小与机构的级别有关,一般直径为 3.8~4.2cm。

2. 设置图层中心点

(1) 前景色设为白色,选择油漆桶工具▣对图层进行颜色填充。

(2) 选中图层,选择【自由变换】选项(快捷键 Ctrl+T),这时系统会自动提示图层的中心点位置,如图 5.35 所示。

(3) 按 Ctrl+R 键，在图像上显示【标尺】。使用移动工具█从标尺拖出辅助线，将辅助线拉到中心位置，如图 5.36 所示。

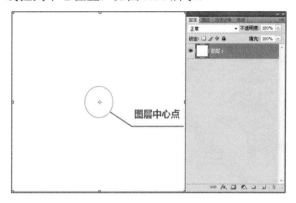

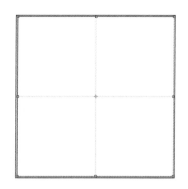

图 5.35　确定图层中心点　　　　　　　图 5.36　调整辅助线位置

3. 绘制印章边缘路径及文字路径

(1) 选择椭圆工具█，将鼠标指针放在中心点处；按住 Shift+Alt 键，向下拖动鼠标，拉出一个正圆，如图 5.37 所示。

(2) 选择路径选择工具█，选中新建的路径，按住 Ctrl+C 键复制该条路径，按 Ctrl+V 粘贴路径。选择【自由变换路径】选项(快捷键 Ctrl+T)，同时按住 Shift+Alt 键，中心不变向内收缩路径。同样的方法，制作 3 条同心路径，如图 5.38 所示。

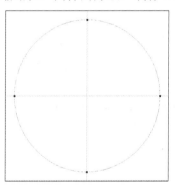

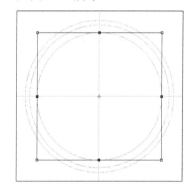

图 5.37　建立圆形路径　　　　　　　图 5.38　制作同心圆路径

4. 绘制印章边缘及文字部分

(1) 选择路径选择工具█，选中最外路径，右击，选择【建立选区】命令，如图 5.39 所示。

(2) 单击"图层"面板下方的【创建新建图层】按钮。执行菜单【编辑】|【描边】命令，宽度值 10px，颜色为 R,G,B(255,0,0)，如图 5.40 所示。

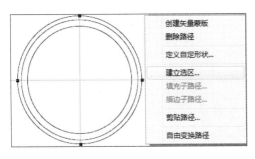

图 5.39　建立路径选区

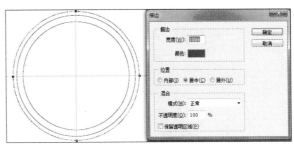

图 5.40　编辑描边

（3）同样的方法，对第二条路径进行描边，【描边】宽度值 5px，颜色为红色 R,G,B(255,0,0)，如图 5.41 所示。

（4）打开本章素材文件夹中的名为"脚印素材.jpg"的文件，使用移动工具将素材拖动到该图像中，按 Ctrl+T 键，调整素材大小，如图 5.42 所示。

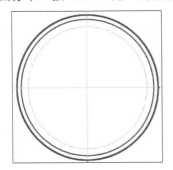

图 5.41　描边效果

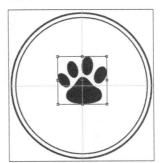

图 5.42　素材调整

（5）选择横排文字工具，将鼠标指针移到最内路径上，当出现基线指示符时，单击，出现"垂直光标"时，输入文字"新世纪萌宠大联盟论坛"，如图 5.43 所示。

（6）选定字符，打开"字符"面板。设置字体为 Adobe 黑体 Std，大小：18 点，【字距调整】为 60，颜色设置为红色 R,G,B(255,0,0)，如图 5.44 所示。

图 5.43　输入路径文字

图 5.44　编辑路径文字属性

（7）选择路径选择工具，当光标出现双向箭头时，单击，拖动文字，使两边文字对称，如图 5.45 所示。

(8) 选择横排文字工具🅣，输入"萌宠专用章"。设置字体为 Adobe 黑体 Std，大小：18 点，【字距】调整为 10，颜色：红色 R,G,B(255,0,0)，如图 5.46 所示。

图 5.45　调整文字对称

图 5.46　输入文字

(9) 整体观察图像，以标尺线为参考基准，调整文字的位置关系，完成图章图案制作。

5.4　本章小结

本章主要介绍了"字符"面板的属性及编辑方法；"段落"面板的属性及编辑方法；路径文字的创建和修改等内容。并通过"金属字的制作""Dieter Rams：优秀设计的十条准则海报""萌宠联盟印章"案例进行了实际操作练习。

通过本章的学习，读者能够了解如何创建和编辑文字，通过对路径、"文字"面板的使用，并结合其他图像处理工具设计和制作出平面海报的图像效果。

5.5　思考与练习

一、填空题

1. 如何调出选中图层的选区？＿＿＿＿＿
　　A．执行【图层】|【新建】|【图层属性】命令
　　B．文字图层栅格化
　　C．链接文字图层和其他图层
　　D．按住 Ctrl 键单击该图层的【图层缩览图】区域
2. 矢量文字图层可以通过＿＿＿＿＿命令转化为像素轮廓属性。
　　A．转化为段落文字　　　　　　　　　B．填充
　　C．链接图层　　　　　　　　　　　　D．栅格化
3. 段落文字可以进行＿＿＿＿＿操作。
　　A．缩放　　　　B．旋转　　　　C．裁切　　　　D．倾斜
4. 通过使用"字符"面板可以对已经输入好的文字进行编辑，包括改变文字的＿＿＿＿、大小等属性。
　　A．填充　　　　B．颜色　　　　C．质感　　　　D．蒙版

5. 自由变换的快捷键是＿＿＿＿。

　　A．Ctrl+T　　　　B．Ctrl+F　　　　C．Ctrl+J　　　　D．Ctrl+A

二、思考题

1. 段落文字如何进行编辑？

2. 路径文字图层的创建方法有哪些？

三、操作题

本案例应用"文字变形""文字"面版"图层样式"等知识点，制作了一幅通过文字的组合来模拟数字的海报效果，具有一定的视觉吸引力，同时对信息的传达也比较完整。图像效果如图 5.47 所示。

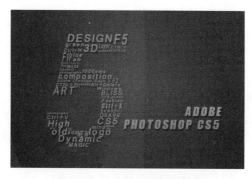

图 5.47　CS5 海报效果图

操作步骤如下：

(1) 新建文档 760×500 像素、分辨率为 300dpi、背景色：白色，名称为"cs5 海报"。

(2) 使用文字工具 T 在图像中输入主题文字"5"，打开"字符"面板，在其中设置字体为：Ravvi，大小为 133 点，颜色设置为白色。降低文字图层不透明度为 20%。

(3) 使用文字工具 T 在图像中输入与该软件有关的文字，改变文字的大小及字体，使他们看起来不同而更有韵律，这里只用到了【impact】这个字体。

(4) 使用文字工具 T 在图像中输入与该软件有关的英文文字。

(5) 根据文字图层"5"的轮廓边界。调整英文文字的大小及字体，使所有英文文字图层在文字图层"5"的轮廓范围内，并使他们看起来大小不同而更有韵律。本案例这里用到了【impact】这个字体。

(6) 按住 Ctrl 键，单击所有英文文字图层，右击，在弹出的快捷菜单中选择【合并图层】命令。选择【图层】|【图层样式】|【渐变叠加】命令，设置【渐变编辑器】起始色绿色：R,G,B(0,188,119)，终止色蓝色：R,G,B(1,180,225)。

(7) 选择【图层】|【图层样式】|【投影】命令，单击【确定】按钮。

(8) 打开素材文件夹中的名为"黑色网点素材"文件，使用移动工具将素材拖动到该图像中，调整图层顺序，置于背景图层上。

(9) 选择【文字图层】，选择【编辑】|【自由变换】命令，或者按 Ctrl+T 键，按住 Ctrl 键，拖动中间节点，使该图层倾斜。

(10) 在完成效果后，对不满意的地方进行反复修改，实现最终效果。

第6章 通道和蒙版

教学目标

通过本章的学习，深刻理解 Alpha 通道和蒙版的特点；掌握利用"通道"面板中的颜色通道快速更改图像颜色的方法；掌握利用通道的原理快速抠取特殊背景下的透明区域图像；掌握编辑通道与创建选区、编辑选区的方法；掌握应用图层蒙版和快速蒙版编辑图像的方法和技巧。

知识目的：掌握蒙版、Alpha 通道和色彩通道的特点以及编辑技巧。

能力目的：利用通道进行复杂图像的选取。

重点与难点

重点：掌握图层蒙版与快速蒙版的创建与编辑的方法和技巧。

难点：复杂图像的抠取以及利用通道进行图像颜色的修改。

教学要求

知识要点	能力要求	关联知识
通道和"通道"面板	了解通道的作用与通道的产生；了解颜色信息通道与 Alpha 通道的特点	"图层"面板、"通道"面板
Alpha 通道的创建与编辑	掌握 Alpha 通道的创建与编辑的方法与技巧，完成案例的制作与实训任务	图层、选区与通道的编辑工具箱中工具的应用
了解专色通道	认识和了解专色通道的作用	图层、"通道"面板及印刷常识
认识蒙版，掌握蒙版的特点及创建方法	理解选区、通道与蒙版的关系	选区、图层、通道和蒙版
蒙版的应用与编辑	掌握图层蒙版与剪贴蒙版的创建与编辑的方法和技巧，完成案例的制作	图层的概念、"通道"面板、工具的应用、选区的创建与编辑等

6.1　通　道　概　述

通道是 Photoshop 中的重要概念之一，简单地说，通道就是用来保存颜色信息以及选区的一个载体，它可以存储图像所有的颜色信息。在一幅图像中，最多可有 56 个通道。在 Photoshop 中包括 3 种类型的通道，分别为颜色信息通道、Alpha 通道、专色通道。

颜色信息通道：是在打开新图像时自动创建的，图像的颜色模式决定了所创建的颜色通道的数目。如当打开一幅 RGB 模式的图像时，用户可以看到其自动创建的颜色信息通道，RGB 图像的每种颜色(红色 R、绿色 G 和蓝色 B)分别都有一个通道，并且还有一个用于编辑图像的复合通道 RGB，如图 6.1 所示。而打开 CMYK 模式的图像，"道通"面板中会显示 4 种颜色信息通道和一个 CMYK 复合通道，如图 6.2 所示。

图 6.1　RGB 图像"通道"面板　　　　图 6.2　CMYK 图像"通道"面板

Alpha 通道：将选区存储为灰度图像。可以添加 Alpha 通道来创建和存储蒙版，这些蒙版用于处理或保护图像的某些部分。

专色通道：指定用于专色油墨印刷的附加印版，主要用于打印。

6.2　用颜色信息通道替换颜色

 案例说明

本案例通过"通道"面板选择、复制、粘贴的简单操作，实现图像的颜色替换，目的在于进一步加深对"通道"面板中颜色通道的认识与了解。素材与效果图如图 6.3 所示。

图 6.3　原始图像及效果图

6.2.1 相关知识及注意事项

1. "通道"面板

对通道的处理主要是通过"通道"面板来进行的,"通道"面板可用于创建和管理通道,并监视编辑效果。要显示"通道"面板,可执行【窗口】|【通道】命令。

通常,"通道"面板中的堆叠顺序为:最上方是复合通道(对于 RGB、CMYK 和 Lab 图像,复合通道为各个颜色通道叠加的效果),然后是颜色通道、专色通道,最后是 Alpha 通道。通道内容的缩览图显示在通道名称的左侧,在编辑通道时,它会自动更新。另外,每一个通道都有一个对应的快捷键,这使得用户可以不打开"通道"面板即可选中通道。

单击面板右上方的下三角按钮,可以打开"通道"面板下拉菜单,选择其中的命令便可进行相应的面板功能操作。图 6.4 显示了一幅 RGB 彩色图像的"通道"面板,该面板详细列出了当前图像中的所有通道及"通道"面板的功能。

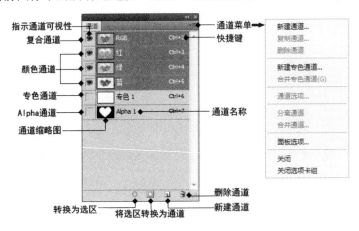

图 6.4 "通道"面板

查看缩览图是一种跟踪通道内容的简便方法,不过,关闭缩览图显示可以提高性能。要隐藏通道缩览图或调整其大小,可单击"通道"面板右上方的下三角按钮,在弹出菜单中选择【面板选项】命令,打开"通道面板选项"对话框,选择面板的大小;选择"无"将关闭缩览图显示。

2. "通道"面板的功能按钮

(1) 载入选区 ○ :单击该按钮,可将当前通道作为选区载入。

(2) 保存选区 ○ :单击该按钮,可将当前选区在"通道"面板中存储为一个 Alpha 通道。

(3) 创建新通道 ● :单击该按钮,可建立一个新的 Alpha 通道。

(4) 删除通道 ● :单击该按钮,可删除当前通道,但不能删除 RGB 主通道。

3. 显示/隐藏和复制通道

显示或隐藏多个通道:将"通道"面板中的 ● 图标列拖动即可。

复制通道:将该通道拖移到面板底部的【创建新通道】按钮 ● 上即可。

4. 颜色通道

颜色通道用于存储和管理图像的颜色信息。每一个颜色通道对应图像中的一种颜色，例如 RGB 图像中的"红"通道保存图像中的红色信息，"绿"通道保存图像中的绿色信息，"蓝"通道保存图像中的蓝色信息。

颜色通道默认使用灰色图像来显示。颜色通道中的白色区域越多，表示当前通道所保存的颜色越多，反之如果通道中存在大量黑色区域，则表示该区域中缺少当前颜色通道所保存的颜色。因此，可以通过编辑颜色通道的明暗，来改变图像整体的色调，达到调整图像颜色的目的。

6.2.2　操作步骤

(1) 打开本章素材文件夹中名为"夕阳.jpg"的图像文件。打开"通道"面板，可以看到用红、绿、蓝 3 个原色通道。其中蓝色通道的色调最暗，表示图像中蓝色成分最少，所以整体图像偏橙色(蓝色的互补颜色)，如图 6.5 所示。

图 6.5　夕阳图像

(2) 选择亮度最高的"红"通道，按 Ctrl+A 键全选，执行【编辑】|【粘贴】命令(快捷键 Ctrl+C)复制该通道，选择"蓝"通道，执行【编辑】|【粘贴】命令(快捷键 Ctrl+V)将复制的内容粘贴到"蓝"通道中。显示复合通道，便可看到如图 6.6 所示的图像效果了。

图 6.6　调整颜色后的图像效果

提示：由于改变后的蓝色通道变亮，所以图像中的蓝色增多。图像由之前的夕阳西下的橙色调变成了一种充满幻想与浪漫的浅紫色。还可以选择其他通道，并进行同样的操作，将会得到其他颜色替换效果。利用改变颜色通道明暗的方法，进行图像色彩的调整，非常简单快捷。

6.3 应用通道"抠婚纱"

 **案例说明**

白色婚纱抠图方法有很多，通道抠图是个不错的选择。大致过程：先需要用基本工具把人物抠出来，然后把抠出的人物图层复制一层，在通道选区婚纱部分较为清晰的通道并调出选区，回到"图层"面板，把选区反选删除除白色婚纱意外的部分，后期再用【调节】命令，适当调亮婚纱部分，最后在另一个图层中把人物身体部分抠出即可。其原始图像与效果图如图 6.7 所示。

图 6.7 原始图像与效果图

6.3.1 相关知识及注意事项

1. Alpha 通道

在进行图像编辑时，所有单独创建的通道都称为 Alpha 通道。和颜色通道不同，Alpha 通道不用来保存颜色，而是保存选区，将选区存储为灰度图像。还可以添加 Alpha 通道来创建和存储蒙版，这些蒙版用于处理或保护图像的某些部分，其作用是让被屏蔽的区域不受任何编辑操作的影响，从而增强图像编辑的弹性。

在"通道"面板中，通道都显示为灰色。Alpha 通道实际上是一幅 8 位、256 级灰度图像，其中黑色部分为透明区，白色部分为不透明区，而灰色部分为半透明区。用户可以使用绘图工具在通道上进行绘制，也可以分别对各原色通道进行明暗度、对比度的调整，甚至可以对原色通道单独执行滤镜功能，还可以把其他灰度图像粘贴到通道中。另外，通道和选区还可以互相转换，利用通道可以制作出许多特技效果。

Alpha 通道具有如下特点。

(1) 每个图像最多可以包含 56 个通道(包括所有的颜色和 Alpha 通道)。

(2) 可以指定每个通道的名称、颜色、蒙版选项和不透明度(不透明度影响通道的预览，而不影响图像)。

(3) 所有新通道具有与原图像相同的尺寸和像素数目。

(4) 可以使用绘画工具、编辑工具和滤镜编辑 Alpha 通道中的蒙版。

(5) 将选区存放在 Alpha 通道可使选区永久保留，以重复使用。

(6) 可以将 Alpha 通道转换为专色通道。

2. 创建 Alpha 通道

(1) 单按"通道"面板底部的【新建通道】按钮，可以创建新的 Alpha 通道。

(2) 按住 Alt 键，单击"通道"面板底部的【新通道】按钮，或从"通道"面板菜单中选择【新通道】命令，可以打开"新建通道"对话框。设置通道的属性，然后单击【确定】按钮。

(3) 使用选区制作工具制作选区，单击"通道"面板中的【将选区转换成通道】按钮，将选区转换成 Alpha 通道。

3. 从 Alpha 通道中载入存储的选区

将通道作为选区载入图像有以下方法。

(1) 选择 Alpha 通道，单击面板底部的【载入选区】按钮。

(2) 将包含要载入的选区的通道拖移到【载入选区】按钮上方。

(3) 按住 Ctrl 键单击包含要载入的选区的通道。

4. 删除 Alpha 通道

复杂的 Alpha 通道将极大增加图像所需的磁盘空间，因此，在存储图像前，可能想删除不再需要的专色通道或 Alpha 通道，删除方法一般是先在"通道"面板中选择想要删除的通道，然后执行下列操作之一。

(1) 按住 Alt 键并单击【删除】图标。

(2) 将面板中的通道名称拖移到【删除】图标上。

(3) 单击面板底部的【删除】图标，然后在打开的"删除通道"对话框中单击【是】按钮。

5. 注意事项

(1) 如果要在图像之间复制 Alpha 通道，则通道必须具有相同的像素尺寸。

(2) 如果要复制另一个图像中的通道，目标图像与所复制的通道不必具有相同的像素尺寸。

(3) 由于复杂的 Alpha 通道将增加图像所需的磁盘空间，存储图像前，为了节省文件存储空间和提高图像处理速度，可以利用"通道"面板删除不再需要的专色通道或 Alpha 通道。

注意：编辑 Alpha 通道时，可使用绘画或编辑工具在图像中绘画。通常，使用黑色绘画可在通道中添加；用白色绘画则从通道中减去；用较低的不透明度或颜色绘画则以较低不透明度添加到蒙版。另外，要更改 Alpha 通道，就像更改图层顺序一样，上下拖动 Alpha 通道，当粗黑线出现在想要的位置时，释放鼠标即可。不管 Alpha 通道的顺序如何，颜色信息通道将一直位于最上面。

6.3.2　操作步骤

1. 打开文件并复制背景图层

(1) 打开本章素材文件夹中的"婚纱.jpg"图像文件，选择【背景】图层，按 Ctrl+J 键复制背景层，把背景图层隐藏，然后用磁性套索工具 ，将婚纱人物选中，按住 Ctrl+Shift+I 反相选择，然后按 Delete 键删除背景部分，如图 6.8 所示。

(2) 将抠出的人物图层复制一层，然后在背景图层上面新建一个图层填充蓝色作为参照层，如图 6.9 所示。

图 6.8　删除人物背景(1)

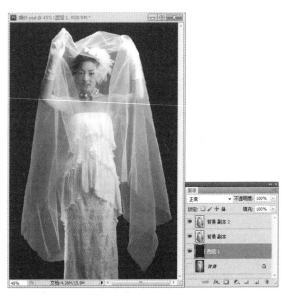

图 6.9　新建蓝色参照层(1)

2. 在"通道"面板中选择通道

(1) 选择"通道"面板，在其中选择皮肤和婚纱对比强烈的通道，这里选择蓝色通道，按住 Ctrl 键，单击蓝色通道，载入蓝色通道中的高光区域，如图 6.10 所示。

(2) 选择复合通道回到图层编辑状态，选择"背景副本 2"，按 Ctrl+Shift+I 把选区反选，按 Delete 删除不需要的部分，如图 6.11 所示。

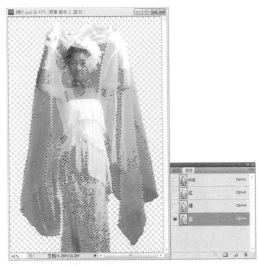

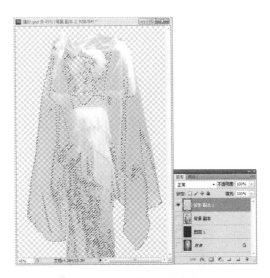

図 6.10　删除人物背景(2)　　　　　　　　　図 6.11　新建蓝色参照层(2)

(3) 取消选区后，执行【图像】|【调整】|【曲线】命令，将曲线的弧度往上调，提亮图像的亮度，打开蓝色图层，观察图像如果感觉婚纱还不够白，可以将背景副本 2 再复制一层，适当调整图层的不透明度，如图 6.12 所示。

図 6.12　复制婚纱图层　　　　　　　　　　図 6.13　显示人物

(4) 显示"背景副本"图层，在"图层"面板中单击【添加图层蒙版】，选择橡皮工具，将橡皮工具的硬度设置为 0，在"背景副本"蒙版图层中擦去婚纱部分，观察图像如图 6.13 所示。

3．添加图层背景

(1) 合并"背景副本"、"背景副本 2"和"背景副本 3"，并重命名为"婚纱人物"，打开本章素材文件夹中的"森林.jpg"图像文件，如图 6.14 所示。

(2) 选择婚纱图像中的【婚纱人物】图层，使用移动工具 ，将婚纱人物图层中的图像拖动到森林图像中，如图 6.15 所示。

图 6.14　打开背景图层

图 6.15　合并背景与人物

6.4　应用专色进行高质量的印刷

案例说明

本案例将通过对专色的认识、了解和实际应用，介绍创建高质量印刷品中专色的应用方法。通过本节内容的学习与实际操作，让读者能够充分认识专色，了解专色的用途及在实际印刷过程中的应用。

6.4.1　相关知识及注意事项

1. 关于专色

专色是特殊的预混油墨，用于替代或补充印刷色(CMYK)油墨。通常，彩色印刷品是通过黄、品、青、黑(CMYK) 4 种原色油墨印制而成的。由于印刷油墨本身存在一定的颜色偏差，在再现一些纯色(如红、绿、蓝等颜色)时会出现很大的误差，因此，在一些高档印刷品制作中，还要加印一些其他颜色，以便更好地再现其中的纯色信息，这些加印的颜色就是这里所说的专色。如果要印刷带有专色的图像，则需要创建存储这些颜色的专色通道。为了输出专色通道，需将文件以 DCS 2.0 格式或 PDF 格式存储。

2. 专色的作用

专色有两个作用：一是用来扩展四色印刷的效果，产生高质量的印刷品；二是在有些场合下只能使用专色印刷，例如，光盘背面的图案很多都是使用专色印刷的。

注意：每种专色在付印时要求专用的印版(因为印刷时调油墨要求单独的印版，它也被认为是一种专色)。油墨的颜色可以根据需要随意调配，没有任何限制。使用专色油墨再现的实地通常要比四色叠印出的实地更平，颜色更鲜艳。专色通道是为制作相应专色色版而设置的。不能分离并重新合成(合并)带有专色通道的图像。

6.4.2　操作步骤

(1) 从"通道"面板中选择【新建专色通道】命令。如果选择了选区，则该区域由当前指定的专色填充。此时，系统将打开"新建专色通道"对话框，输入专色通道名称并设置油墨特性，如图 6.16 所示。

图 6.16　"新建专色通道"对话框

(2) 单击"颜色"色块，打开拾色器定义专色，如图 6.17 所示。如果选取自定颜色，则单击【颜色库】按钮，从颜色库系统中进行选取，如 PANTONE 或 TOYO，如图 6.18 所示。

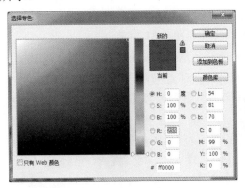

图 6.17　拾色器

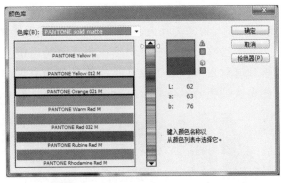

图 6.18　从自定颜色库系统中进行选取

(3) 单击【确定】按钮后，通道将自动采用该颜色的名称。新建专色通道的名称就变成色谱中的颜色名称了，如图 6.19 所示。

(4) 还可以通过该对话框设置油墨密度，可输入介于 0～100%的一个值。输入一个较小的数值，达到一种透明、光泽度高的专色效果；输入一个较大的数值，达到一种不透明的专色效果，如图 6.20 所示。也可以用该选项查看其他透明专色(如光油)的显示位置。

图 6.19　改变颜色名称　　　　　　　图 6.20　专色密度 100%和 50%效果图

提示：【密度】选项和【颜色】选项只影响专色的屏幕现实不透明度而已，不会产生新颜色，即不会改变专色的色相。

6.5　通道计算之完美祛斑

 案例说明

为了加深对于 Photoshop 中通道的理解，本案例通过应用"计算命令""Alpha 通道""滤镜"给人物完美祛斑，使人物的皮肤完美无瑕，效果如图 6.21 所示。

基本思路：选取一个斑点较为严重的通道复制一份。然后用滤镜及一些调色工具把斑点单独选取出来，有了斑点的选区只要稍微调白一点斑点就自动消失了。同样的方法再把一些皮肤过亮的部分单独用通道选区出来，用曲线调暗，这样皮肤看上去就均匀很多。

图 6.21　祛斑前后效果对比

6.5.1　相关知识及注意事项

【计算】命令是将两个通道中相对应的像素的灰度值按一定的数学公式进行运算，并将结果保存到目标通道或新通道中，计算方法由指定的混合模式决定。在执行计算命令时要注意源图像尺寸必须与目标图像一样大，否则无法进行合成。源图像与目标图像可以是同一图像的不同通道，也可以是同一分层文件中的不同图层，可以通过执行计算命令实现两个或多个图像的合成效果，但混合后的图像是灰度图，也可以作为 Alpha 通道或选区使用。在执行计算命令之前需要熟悉各种混合模式的效果。"计算"对话框如图 6.22 所示。

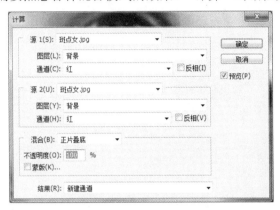

图 6.22　"计算"对话框

　　【计算】对话框分 4 部分。分别为"源 1""源 2""混合"与"结果"。

　　其中"源 1"和"源 2"是单独的通道或是来自一个由被打开文件的灰度组合通道，作为设置参与混合的目标对象。

　　混合选项的作用是用来设置"源 1"与"源 2"的混合方式，其中不透明度选项控制计算命令的强度，对"源 1"中对象的不透明度起控制作用。

　　计算结果可通过结果选项的下拉列表中进行设置。

　　注意：计算的结果，既不是像图层与图层混合那样产生图层混合的视觉上的变化，又不是"应用图像"那样，单一图层发生了变化，计算工具实质是通道与通道间，采用"图层混合"的模式进行混合，产生新的选区。

6.5.2　操作步骤

　　1. 首次祛除大范围雀斑

　　(1) 打开本章素材文件夹中的"斑点女.jpg"图像文件，为了防止破坏原图像，复制背景图层，执行【文件】|【存储为】命令，选择适当的文件夹，将图像另存为"祛斑磨皮.psd"。

　　(2) 打开"通道"面板，可以看到用原色显示的各个通道，把斑点最为严重的蓝色通道复制一份，得到"蓝 副本"通道，如图 6.23 所示。

　　(3) 选择"蓝 副本"通道，执行【滤镜】|【其他】|【高反差保留】命令，高反差保留的半径值根据图像的情况自定义，数值太大，部分小斑点会被漏掉，数值太小，对比效果不理想。这里设置 15 像素，如图 6.24 所示。

图 6.23　复制蓝色通道

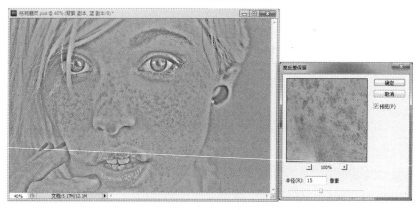

图 6.24　执行高反差保留

(4) 执行【图像】|【计算】，"源 1"和"源 2"："蓝 副本"通道，混合模式选择：叠加命令，结果：新建通道，如图 6.25 所示。

图 6.25　"计算"对话框

(5) 由于人物的祛斑还不是很明显，所以继续执行计算两次，设置和步骤(4)中一样，生成 3 个 Alpha 通道，效果如图 6.26 所示。

(6) 选择画笔工具 ☑设置前景色为白色，将头发、眼睛、嘴巴等不需要提取的地方涂满，执行【图像】|【调整】|【色阶】命令(快捷键 Ctrl+L)，打开"色阶"对话框，将白色滑块向左移动至 220，黑色滑块向右移动至 60，适当增加图像的对比度，效果如图 6.27 所示。

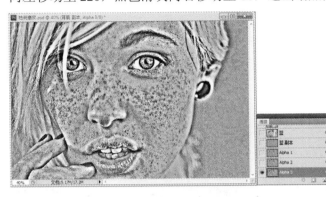

图 6.26　执行 3 次计算

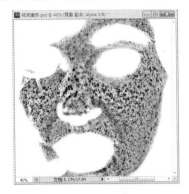

图 6.27　执行色阶命令

(7) 执行【图像】|【调整】|【反相】命令(快捷键 Ctrl+I)，将通道中的图像反相，按住 Ctrl 键，单击 Alpha3 "通道"面板得出斑点选区，回到"图层"面板中，单击背景图层副本，效果如图 6.28 所示。

(8) 为了更清晰地观察图像调整效果，按 Ctrl+H 键将选区隐藏，单击"图层"面板中的【创建新填充及调整图层】按钮 ☑，选择【曲线】命令，打开"曲线"对话框，边观察图像效果，边将曲线的弧度适当往上调节，效果如图 6.29 所示。

图 6.28　选择色斑

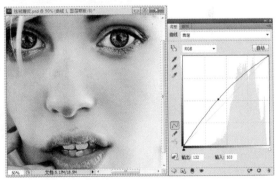

图 6.29　调整曲线

注意：调整的时候注意观察，如果调整的幅度太大图像中的斑点部位会变成白色。一定要调整到色斑的颜色和图像的颜色融合为最佳，如果在图像中还有剩余色斑，可以使用同样的方法再进行调节。

2. 再次祛除残留斑点

观察图像中还有部分斑点没有去除，按 Shift+Ctrl+Alt+E 键将图层盖印，选择蓝色通道，按照步骤(1)中的方法，再次祛除剩余斑点，效果如图 6.30 所示。

3. 细节祛斑

观察图像，如果其中还有部分斑点没有去除，用放大工具放大图像，利用污点修复画笔工具 ![icon]，设置硬度为 0，对漏掉的没有去掉的小斑点，完成祛斑操作，效果如图 6.31 所示。

图 6.30　再次祛斑　　　　　　　　　　　图 6.31　细节祛斑

6.6　蒙 版 概 述

前面学习了关于通道的相关知识，在接下来的蒙版内容的学习中，将会遇到一个棘手的问题，那就是有些人常常会将蒙版与通道两者相混淆，难以区分。其实蒙版与通道是有区别的。下面将详细讲解蒙版的概念、蒙版与通道、蒙版与选区的关联，以及蒙版的应用案例。

1. 关于蒙版

Photoshop 中的蒙版脱胎于传统的暗房技术，它是一种特殊的选区，但它的目的并不是对选区操作，相反，而是要保护选区不被操作，不处于蒙版范围的地方则可以进行编辑与处理。

在 Photoshop 中，蒙版存储在 Alpha 通道中。它将不同的灰度色值转化为不同的不透明度，使受其作用图层上的图像产生相对应的透明效果。范围为 0～100，黑色为完全透明，白色为完全不透明。对蒙版的修改、变形等编辑是在一个可视的区域里进行，和对图像的编辑一样方便，具有良好的可控制性。

蒙版最大的特点是可以反复修改，却不会影响到本身图层内容。如果对蒙版调整的图像不满意，可以去掉蒙版原图像又会重现。在 Photoshop 中有快速蒙版、矢量蒙版、剪切蒙版、图层蒙版 4 种类型的蒙版。在后面的章节中会有详细的介绍。

2. 选区、蒙版和 Alpha 通道的关系

选区、蒙版和 Alpha 通道是 Photoshop 中 3 个紧密相关的概念。选区一旦选定，实际上也就创建了一个蒙版，只有选区内的图像可以被编辑，选区以外的图像可以看作是被蒙版保护起来，不会受到影响。如果将选区和蒙版存储起来，就是 Alpha 通道，它们之间可以互相转换。

6.7　图层蒙版公益海报

 **案例说明**

　　本案例通过在图像文件中创建选区、添加和编辑图层蒙版的操作，进一步加深对选区、蒙版与 Alpha 通道相互关系的理解，并通过创建路径、转换为选区、编辑矢量蒙版，由此获得不同的图像效果。通过本案例的实际操作，读者可以掌握在图像中创建、编辑和应用图层蒙版、矢量蒙版的方法，以打造各种图像融合效果，如图 6.32 所示。

图 6.32　知识创造未来效果图

6.7.1　相关知识及注意事项

　　1. 图层蒙版概述

　　在 Photoshop 中，可以通过添加图层蒙版来隔离和保护图像的各个区域。这种类型的蒙版只影响一个或几个图层，而其他图层则不受其影响，这类蒙版在图像中将不可见。正是由于这一特性，图层蒙版被广泛地应用于图像的合成，成为 Photoshop 中蒙版应用的主流。

　　2. 添加图层蒙版

　　(1) 单击图层面板中的【添加图层蒙版】图标▣，或者执行【图层】|【图层蒙版】|【显示全部】命令，图层创建一个显示整个图层的蒙版。

　　(2) 按住 Alt 键，单击【添加图层蒙版】按钮▣，或选取【图层】|【图层蒙版】|【隐藏全部】命令，可以为当前创建一个隐藏整个图层的蒙版。

　　为图层添加图层蒙版后，在相应的图层缩略图后面会增加一个图层蒙版缩略图，以提醒该图层添加了一个图层蒙版。然而，"图层"面板中的缩略图仅仅是一个标记，并不是图层蒙版本身。真正的图层蒙版是一个通道，打开"通道"面板可以清晰地看到图层蒙版的真面目。

3．选择图层蒙版

(1) 单击"图层"面板中的【图层蒙版缩览图】按钮，蒙版缩览图的周围将出现一个白色边框，此时蒙版处于编辑状态。

(2) 若要编辑图层而不是图层蒙版，则单击"图层"面板中的【图层缩览图】按钮以选择它，此时图层缩览图的周围将出现一个边框。

4．停用、启用或删除图层蒙版

(1) 按住 Shift 键并单击"图层"面板中的【图层蒙版缩览图】按钮，可以停用蒙版。

(2) 选择包含要停用或启用的图层蒙版的图层，然后执行【图层】|【图层蒙版】|【停用】命令或【图层】|【图层蒙版】|【启用】命令。当蒙版处于禁用状态时，"图层"面板中的蒙版缩览图上会出现一个红色的 X，并且会显示出不带蒙版效果的图层内容。

(3) 将蒙版缩览图拖移到图层面板下方的【删除图标】 上，可以删除图层蒙版。

(4) 选择包含要删除的蒙版的图层，然后执行【图层】|【图层蒙版】|【删除】命令，可以删除图层蒙版。

提示：图层蒙版是通过通道中灰度图的灰阶来控制目标图层显示或隐藏的。

5．添加矢量蒙版

为图层添加矢量蒙版后，在相应的图层缩略图后面会增加一个矢量蒙版缩略图，以提醒该图层添加了一个矢量蒙版。而"图层"面板中的缩略图仅仅是一个标记，并不是矢量蒙版本身。真正的矢量蒙版只是一条路径，打开"路径"面板，可以清晰地看到矢量蒙版的真面目。因此，可以利用编辑路径的任何方法对其进行编辑。

提示：矢量蒙版是通过路径来控制目标图层显示或隐藏的。

6.7.2　操作步骤

(1) 打开本章素材文件夹中的"蓝天.jpg"图像文件，执行【文件】|【存储为】命令，选择适当的文件夹，将图像另存为"知识创造未来.psd"，如图 6.33 所示。

(2) 打开本章素材文件夹中的"草地.jpg"图像文件，使用移动工具 将草地图像拖动到知识创造未来图像中，将自动生成的图层重命名为"草地"，在草地图层上添加图层蒙版，并使用渐变工具 在蒙版中自上而下创建一个由黑色到白色的渐变(按住 Shift 键可垂直拖动)，将草地图像上不需要的部分隐藏，效果如图 6.34 所示。

(3) 将"书本.jpg"图像拖动到知识创造未来图像中，执行【编辑】|【变换】|【自由变换】命令(快捷键 Ctrl+T)，调整图像的大小和位置，使书本图像符合一定的透视关系，并给图层添加蒙版，使用钢笔工具 ，在书本周围创建工作路径，效果如图 6.35 所示。

(4) 执行【图层】|【矢量蒙版】|【当前路径】命令，给图层添加【矢量蒙版】，效果如图 6.36 所示。

图 6.33　知识创造未来效果图 1

图 6.34　知识创造未来效果图 2

图 6.35　创建工作路径

图 6.36　创建矢量蒙版

(5) 将"草坪.jpg"图像文件拖动到知识创造未来图像中，执行【编辑】|【变换】|【变形】命令，调整图像的大小和位置，使草坪图像和书本页面很好的融合，给图层添加蒙版，设置前景色和背景色分别为白色和黑色，使用橡皮工具，在书页图层蒙版上将不需要的部分涂抹，效果如图 6.37 所示。

(6) 选择加深工具在书页的翻页部位适当涂抹，使用减淡工具在书页的鼓起部位适当涂抹，制作的阴影和高光更分明，立体感更突出，效果如图 6.38 所示。

注意： 使用加深和减淡工具的时候，建议设置低不透明度多次涂抹。

图 6.37　创建书页图层

图 6.38　调整书页明暗

(7) 将"大树.jpg"图像文件拖动到知识创造未来图像中，在图层上添加图层蒙版，使用橡皮工具，在大树图层蒙版上将不需要的部分涂抹，效果如图 6.39 所示。

(8) 将"飞机.jpg"图像文件拖动到知识创造未来图像中，在图层上添加图层蒙版，使用橡皮工具，在图层蒙版上将不需要的部分涂抹，效果如图 6.40 所示。

图 6.39 创建大树图层

图 6.40 创建飞机图层

(9) 将"亮光.jpg"图像文件拖动到知识创造未来图像中,在图层上添加图层蒙版,使用橡皮工具 ,在图层蒙版上将不需要的部分涂抹,效果如图 6.41 所示。

(10) 将"高楼.jpg""建筑物.jpg""城市 2.jpg""城市 3.jpg"图像文件拖动到"知识创造未来"图像中,分别图层上添加图层蒙版,使用橡皮工具 ,在图层蒙版上将不需要的部分涂抹,分别调整各个图像的位置,使图像整体看上去更有层次感,效果如图 6.42 所示。

图 6.41 创建亮光图层

图 6.42 创建建筑物图层

(11) 将"云彩.jpg"图像文件拖动到"知识创造未来"图像中,在图层上添加图层蒙版,使用橡皮工具 ,在图层蒙版上将不需要的部分涂抹,调整云彩的大小、位置和不透明度,使整体效果更加自然,如图 6.43 所示。

(12) 使用文字工具 ,设置前景色为白色,在图像中输入文字"知识创造未来",调整文字的大小和位置,完成图像的制作,效果如图 6.44 所示。

图 6.43 添加云彩

图 6.44 添加主题文字

6.8　剪贴蒙版打造幻彩花朵

案例说明

为了加深对于 Photoshop 中蒙版的理解，本案例通过应用 "剪贴蒙版" "矢量蒙版" 快速创建一幅多彩的 "花朵图像"，效果如图 6.45 所示。

图 6.45　幻彩花朵效果图

6.8.1　相关知识及注意事项

1. 剪贴蒙版

剪贴蒙版在以前的版本中被称为剪贴图层，到了 Photoshop 7.0 以后，才以 "蒙版" 冠名，正式成为蒙版家族中的一员，剪贴蒙版也称剪贴组，该命令是通过使用处于下方图层的形状来限制上方图层的显示状态，达到一种剪贴画的效果。即 "下形状上颜色"。

剪贴蒙版是由多个图层组成的群体组织，最下面的一个图层叫做基底图层(简称基层)，位于其上的图层叫做顶层。基层只能有一个，顶层可以有若干个。基层是整个图层群体的代表。它本身没有任何属性(即图层不透明度、填充不透明度、像素不透明度均为 100%，而且混合模式为正常、没有应用图层效果)，它上面所标记的各种属性都是包括基层和所有顶层在内的图层群体所共有的属性。

2. 创建剪贴蒙版

(1) 执行【图层】|【创建剪贴蒙版】(快捷键 Alt+Ctrl+G)。

(2) 选择顶层图像，按住 Alt 键将鼠标移动到顶层和基层直接，待鼠标变成 时单击。

(3) 右击顶层缩略图右侧空白处，在弹出的快捷菜单中选择【创建剪贴蒙版】命令。

3. 剪贴蒙版特性

(1) 顶层的缩略图会右移, 在其左侧出现一个向下的箭头, 表示该图层与下面的基底图层关联。

(2) 基底图层缩略图右侧的名称有一条下划线。

(3) 基底图层作为蒙版, 可以对多个关联图层(必须上下连续)起作用, 这是它较之只能对本图层起作用的图层蒙版或矢量蒙版的优势。

(4) 顶层被抠出的形状只与基底图层图像的外形有关, 与颜色或灰度无关。

(5) 右击顶层缩略图右侧的空白, 在弹出的快捷菜单中选择【释放剪贴蒙版】命令, 可取消剪贴蒙版。

6.8.2 操作步骤

1. 绘制花瓣

(1) 新建一个背景为黑色, 宽度和高度都为 20cm, 分辨率为 72.dpi, 名称为幻彩花朵的图像, 使用钢笔工具, 在图像上绘制一个花瓣形状的工作路径, 如图 6.46 所示。

(2) 转换成选区后, 为这个形状新建一个组, 命名为"花瓣", 为该组新添加一个蒙版, 在组里(组下)新建 4 个图层, 分别命名为黄色、玫红、蓝色、青色, 如图 6.47 所示。

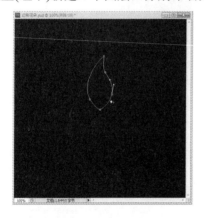

图 6.46 绘制花瓣路径

图 6.47 创建花瓣组

(3) 按住 Ctrl 键在花瓣图层蒙版缩略图上单击, 调出花瓣选区, 选择画笔工具, 将笔头的硬度设置为 0, 并设置笔头的大小为 80px, 分别在不同的颜色图层中, 在选区边缘绘制不同的颜色, 效果如图 6.48 所示。

2. 组成花朵

(1) 取消选区, 在"花瓣组"缩略图右侧的空白处右击, 在弹出的快捷菜单中选择【合并组】命令, 将花瓣组合并, 执行【编辑】|【变换】|【自由变换】命令(快捷键 Ctrl+T), 将旋转中心改变为花瓣的地步, 在选项栏中将旋转角度设置为 45°, 效果如图 6.49 所示。

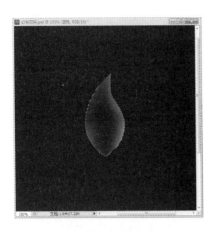

图 6.48　添加花瓣颜色

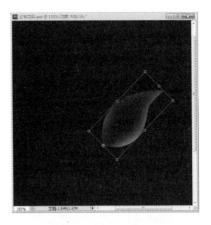

图 6.49　自由变换花瓣

(2) 按住 Shift+Ctrl+Alt+T 键，旋转复制花瓣组成漂亮的花朵，在花瓣图像复制的同时图层也同时复制，效果如图 6.50 所示。

(3) 按住 Ctrl+E 键，合并所有花瓣图层，复制合并后的花瓣图层，执行【编辑】|【变换】|【自由变换】命令(快捷键 Ctrl+T)，将花瓣的宽度和高度都缩小到 80%，选择角度设置为 20°，效果如图 6.51 所示。

图 6.50　组成花朵

图 6.51　添加多层花瓣

3．制作其他的花朵

按照同样的方法绘制不同的花朵，调整不同花朵的大小和位置，组成一个绚烂多彩的图像，效果如图 6.52 所示。

4．添加文字

(1) 在本章素材文件夹中打开"艺术文字.jpg"，选择图像中的红色艺术文字，并将其拖动到幻彩花朵图像中，效果如图 6.53 所示。

(2) 打开"彩色背景.jpg"，并将其拖动到幻彩花朵图像中，将彩色背景放在文字图层上方(可以适当降低彩色背景图层的不透明度来调节位置)，效果如图 6.54 所示。

图 6.52　添加多个花朵

图 6.53　添加文字

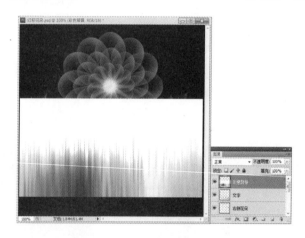

图 6.54　添加彩色背景图层

(3) 选择彩色背景图层，执行【图层】|【创建剪贴蒙版】命令(快捷键 Alt+Ctrl+G)。创建剪贴蒙版文字效果，如图 6.55 所示。

图 6.55　创建剪贴蒙版

(4) 选择文字图层，在"图层"面板下方的【添加图层样式】图标。打开【添加图层样式】对话框，在其中选择【斜面与浮雕】选项设置其中的参数，最终效果如图 6.56 所示。

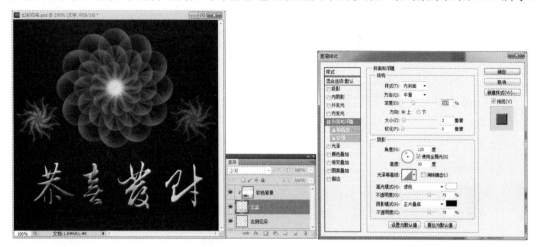

图 6.56　添加文字样式

6.9　本章小结

通道和蒙版是 Photoshop 图像处理技术中极为重要的内容。本章全面介绍了通道和蒙版的概念、"通道"面板、通道的创建与编辑、颜色信息通道与 Alpha 通道；还介绍了蒙版的概念、蒙版的创建方法与编辑，详细介绍了选区、蒙版、通道这三者的关系。通过"用颜色信息通道替换颜色"案例和应用"通道"面板、Alpha 通道等"抠婚纱"案例的操作，进一步加深对通道的认识和理解。通过应用图层蒙版打造的朦胧、清晰的图像边缘效果和应用快速蒙版创建的"海市蜃楼"效果案例的操作过程，进一步掌握运用通道和蒙版编辑、处理图像的技巧和方法。

6.10　思考与练习

一、选择题

1. ＿＿＿＿是正确的。
    A. 在图像中可以增加专色通道，但不能将原有的通道转化为专色通道
    B. 专色通道和 Alpha 通道相似，都可以随时编辑和删除
    C. Photoshop 中专色是压印在合成图像上的
    D. 不能将专色通道和颜色通道合并
2. 在"存储选区"对话框中，将选择范围与原先的 Alpha 通道结合的方法有＿＿＿＿。
    A. 无　　　　　　　　　　B. 添加到通道
    C. 从通道中减去　　　　　D. 与通道交叉

3．_____可以将现存的 Alpha 通道转换为选择范围。

    A．将要转换选为选区的 Alpha 通道选中并拖到"通道"面板中的【将通道作为选区载入】按钮上

    B．按住 Ctrl 键单击 Alpha 通道

    C．执行【选择】|【载入选区】命令

    D．双击 Alpha 通道

4．_____命令具有计算功能。

    A．应用图像   B．复制

    C．计算   D．图像大小

二、填空题

1．如果在图像中有 Alpha 通道，并将其保留下来，需要将其存储为_____格式。

2．Alpha 通道相当于_____位的灰度图。

3．在"通道"面板中，按住_____键的同时单击垃圾桶图标，可直接将选中的通道删除。

4．Alpha 通道最主要的用途是_____。

三、操作题

应用超快速文字蒙版和【计算】命令创建金属字效果。

本操作应用了"横排文字蒙版工具"创建超快速文字蒙版，轻松地完成金属字效果的制作，如图 6.57 所示。主要利用"通道"面板编辑蒙版文字，利用滤镜创建文字效果，应用【计算】命令处理各通道之间的关系，生成一种文字本身的光影变化，完成金属字效果的制作。本操作将编辑完成的通道效果复制、粘贴直接运用，而不是用它所代表的区域，这不能不说也是通道应用的另一种方法。

图 6.57 "文字蒙版工具"的应用及效果图

操作步骤如下。

(1) 打开一幅图像，选择横排文字蒙版工具 ，在图像中单击，出现闪动的插入标记，并且图像被蒙上红色半透明的蒙版，在文字工具选项栏中设定字体为 Tahoma，字号为 120。输入文字"Adobe"，拖动鼠标，置于合适的位置。

(2) 确认输入文字后，文字将变成闪动的选区。

(3) 执行【选择】|【存储选区】命令，将文字选区存储为一个新的 Alpha 1 通道，也可以直接在"通道"面板中单击面板下方的 🔲 图标来完成这一操作。

(4) 取消选区。在"通道"面板中，将 Alpha 1 通道连续复制两次，并将复制的通道名称改为 Alpha 2、Alpha 3，此时 3 个 Alpha 选区通道是一样的。

(5) 选择在 Alpha 2 通道上进行工作，执行【滤镜】|【模糊】|【高斯模糊】命令，在通道边缘产生一定的羽化效果。

(6) 执行【滤镜】|【其他】|【位移】命令，在打开的"位移"对话框中设定水平为-3，垂直为-3，将 Alpha 2 通道向左方、上方分别移动 3 个像素(此时移动的距离应小于文字笔画粗细的 1/3)。

(7) 选择 Alpha 3 通道，同样使其产生一定的羽化效果，设定水平为 3，垂直为 3，将其向右方、下方分别移动 3 个像素。

提示：此时的 Alpha 2 与 Alpha 3 通道的形状相同，但位置有一定的错动。使 Alpha 2 与 Alpha 3 向不同方向移动相同的距离是为了使它们相对于 Alpha 1 的位移量相同。

(8) 执行【图像】|【计算】命令，打开"计算"对话框。将 Alpha 2 设为运算源 1，Alpha 3 设为运算源 2，【混合】选择"差值"算法，如图 6.58 所示。

(9) 单击【确定】按钮，其计算结果产生了新的 Alpha 4 通道，如图 6.59 所示。

注意：差值算法会在两个文字虚晕相交处产生一条暗线，很像金属表面棱角反光的效果，本例就是用这一变化来制作金属效果的。

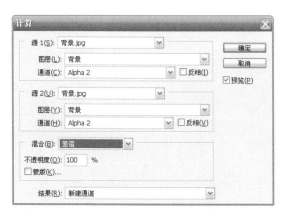

图 6.58　"计算"对话框的设置

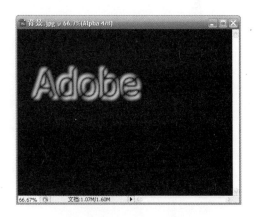

图 6.59　Alpha 4 通道

(10) 选择在 Alpha 1 通道上进行操作，执行【滤镜】|【其他】|【最大值】命令，使 Alpha 1 通道向外扩张 3 个像素的范围。

提示：扩张就是要使 Alpha 1 中的白色部分变大，即相应增大了 Alpha 1 所表示的选择区域大小，而且这种增大是由原 Alpha 1 通道的中心向两边增大。

(11) 选择在 Alpha 4 通道上进行操作，载入增大后的 Alpha 1 表示的选择区域。

(12) 执行【图像】|【调整】|【反相】命令，使选区内的部分颜色反转。

(13) 仍然在 Alpha 4 通道上，当 Alpha 1 的选择区域仍然存在时，执行【编辑】|【拷贝】命令，将选区内容复制，切换回彩色复合通道。

(14) 执行【编辑】|【粘贴】命令，将复制的内容粘贴在图像内。此时，粘贴的内容会出现在一个新的图层之中，且只有黑白颜色的变化。

(15) 执行【图像】|【调整】|【变化】命令，为文字添加一些金属颜色。

至此，金属效果文字便制作完成了。本例中运用通道之间的"计算"关系，生成了一种文字本身的光影变化，并将其复制、粘贴直接运用，而不是用它所代表的区域，这也是通道运用的另一种方法。

第**7**章

图像色彩调整

➤ **教学目标**

本章主要介绍图像的色彩和色调调整方法和技巧，通过本章的学习，掌握图像基本色彩的调整方法；掌握图像特殊效果的处理方法。

知识目的：学习图像色彩与色调的调整方法。

能力目的：进行偏色图像的修改与调整。

重点与难点

重点：图像色调与色彩的调整。

难点：各种偏色图像的修改。

➤ **教学要求**

知 识 要 点	能 力 要 求	关 联 知 识
图像色调的处理	掌握基本色调的处理方法	色阶、曲线、亮度和对比度等
图像色相的处理	掌握基本色相的处理方法	色相/饱和度、色彩平衡等
图像特殊效果的处理	掌握一般特殊效果的处理方法	阈值、反相、渐变映射等

7.1　图像调整概述

Photoshop 在图像的色彩与色调调整上的功能是非常强大的，可以模拟现实摄影中使用不同类型的胶片或镜头滤镜实现某些色彩和色调效果，并可以调整和校正那些颜色及色调存在问题的图片。

Photoshop CS5 提供了两种方式进行图像的颜色和色调调整：一种是【图像】|【调整】菜单，如图 7.1 所示；一种是在"图层"面板上创建调整图层，如图 7.2 所示。

图 7.1　【调整】菜单　　　　　　　　　　图 7.2　创建调整图层

熟练使用各种调整命令对于图像进行调整之前，需要注意以下几点。

(1) 校准显示器。如果确定图像最终是用来印刷的，在进行图像色彩调整前，需要使用经过校准和配置的显示器，否则在显示器上看到的图像将与印刷时看到的不同。

(2) 调整前修复图像缺陷。在调整颜色和色调之前，要移去图像中的所有缺陷，比如：尘斑、污点和划痕等。

(3) 建立调整图层调整图像。使用调整图层的优点是可以返回并且可以进行连续的色调调整，而不需扔掉图像图层中的数据。【调整】菜单上的颜色和色调调整一次只能应用于一个图层，并且只会影响目标图层上的图像，而调整图层则会影响至其以下的所有图层。但是需要注意的是，使用调整图层会增加图像的文件大小，因此需要计算机有更大的内存空间。

(4) 使用"信息"面板，随时观察调整结果。校正图像时，"信息"面板上会随时显示出调整前后的色彩信息，供设计者参考。

(5) 灵活使用选区或蒙版。如果想要调整图像中的某一部分，可以通过建立选区或者使用蒙版来将色彩和色调调整限定在图像的一部分。

7.2　数码相片的颜色环境设置

1. 校样设置

目前图片的最终用途主要有两种：一种是使用在终端的显示器上，如互联网的网页上的图片主要是显示在计算机和手机的屏幕上；另外一种主要是用于印刷。电脑或者手机屏幕上的图片色彩显示模式采用的是加色模式即 RGB 模式，而印刷设备的图片色彩显示模式采用的是减色模式即 CMYK。因此，电脑显示器中显示的图像色彩和印刷物中的色彩显示存在一定的色差。为了更好地显示不同用途图片的最终显示效果，可以通过 Photoshop CS5 中的【视图】|【校样设置】命令进行调节。

(1) Photoshop 默认的校样设置为"工作中的 CMYK"，主要是针对印刷品进行的颜色调整。如果图片最终要显示在电脑或者手机屏幕上，就需要执行【视图】|【校样设置】命令，选择"显示器 RGB"。如果不进行设置，在 Photoshop 下做的图片与保存后在 Windows 下进行浏览的图片就会存在一定的色差。

(2) 针对最终要用于印刷的图像，需要调整 Photoshop 的 RGB 色彩空间：执行【编辑】|【颜色设置】命令，将【工作空间】下的【RGB】选项选择为"Adobe RGB(1998)"，如图 7.3 所示。

图 7.3　颜色设置

2. 颜色设置

色彩设置与校样设置不同，主要针对的对象是印刷。在出版系统中，没有哪种设备能够重现人眼可以看见的整个范围的颜色。每种设备都使用特定的色彩空间,此色彩空间可以生成一定范围的颜色(即色域)。

由于色彩空间不同,在不同设备之间传递文档时,颜色在外观上会发生改变。颜色偏移的产生可来自不同的图像源、应用程序定义颜色的方式不同、印刷介质的不同(新闻印刷纸张比杂志品质的纸张重现的色域要窄),以及其他自然差异,例如显示器的生产工艺不同或显示器的使用年限不同。因此在图片印刷之前进行颜色设置是非常有必要的。

7.3 数码相片的专业颜色校正

 案例说明

本案例通过运用【色阶】与【阈值】命令的配合,对色彩偏亮的图像进行校正,素材与效果图如图 7.4 所示。

图 7.4 数码相片颜色调整前后的对比效果

7.3.1 相关知识及注意事项

进行图像色调调整,就是调整图像中高光像素和暗调像素的极限值,为图像设置总体色调范围。此过程称为设置高光和暗调或设置白场和黑场。Photoshop CS5 中相关的命令有【阈值】、【曲线】和【色阶】。

1. 阈值

【阈值】命令将灰度或彩色图像转换为高对比度的黑白图像。阈值可以理解为是一个临界点,设定了一个阈值之后,它会以此值作标准,凡是比该值大的颜色就会转换成白色,低于该值的颜色就转换成黑色。

例如,将"色阶"对话框中输入 128,Photoshop 就会把图像中亮度值小于 128 的所有像素变为黑色,把亮度大于 128 的所有像素变为白色。所以往左拖动滑块实际上是减小临界点,那么图像上高于这个临界点的像素就会越来越多,因此图像的白色区域就会增加。往右拖动滑块实际上是增加临界点,那么图像上低于这个临界点的像素就会越来越多,因

此图像的黑色区域就会增加。【阈值】命令对确定图像的最亮和最暗区域非常有用。

2. 色阶

使用"色阶"对话框通过调整图像的阴影、中间调和高光的强度级别来校正图像的色调范围，包括反差、明暗和图像层次，以及平衡图像的色彩。【色阶】直方图用做调整图像基本色调的直观参考，如图 7.5 所示。

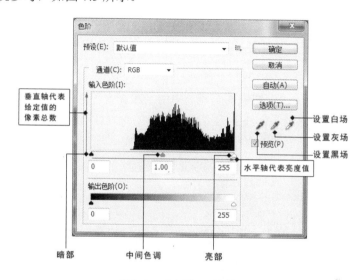

图 7.5　"色阶"对话框

可以通过分别设置暗部、中间色调、亮部来调整图像的色调和对比度，从而达到调整图像色调和对比度的目的，设置的方法有以下 3 种。

(1) 直接在编辑框中输入具体的数值。

最左侧的编辑框：用于设置图像的暗部色调(低于该值的像素为黑色)，其取值范围为0～255，通过修改该值，可将某些像素变为黑色。比如在其中输入 114，表示色阶为 144的像素已经是最暗的了，那么图像中色阶值在 0～114 范围内的像素都将成为黑色，所以图像变暗。

中间编辑框：用于控制图像中间调的对比度。改变数值可改变图像中间调的亮度值，但不会对暗部和亮部有太大的影响。其取值范围为 0.10～9.99，初始值为 1.00。

最右侧的编辑框：用于设置图像的亮部色调(高于该值的像素为白色)。其取值范围为0～255，通过修改该值，可将某些像素变为白色。比如在其中输入 125，表示色阶为 125的像素已经是最亮的了，那么图像中色阶值在 125～255 范围内的像素都将成为白色，所以图像整体变亮。

(2) 拖动直方图 3 个亮度值滑块。

一边观察图像一边通过拖动直方图下方的亮度值滑块，可以最直观的调整图像的色调。将暗部滑块向右拖动会使图像中的暗调增加，整体图像变暗。将灰色三角滑块向左稍动可以使中间调变暗，向右稍动可使中间调变亮。将亮部滑块向左拖动，会使图像中的亮调增加，图像整体变亮。

(3) 利用右下方的 3 个吸管来调整。

黑色吸管 ：用于确定图像的最暗部。用该吸管在图像中某点单击，图像中所有比该点暗的像素都被定义为黑色，从而使图像变暗，所以，一般使用黑色吸管来确定图像的黑场。

灰色吸管 ：将被单击像素的颜色调整为灰色，并根据该像素颜色值的变化调整图像中的其他像素颜色。在灰度模式下，该吸管不可以用。

白色吸管 ：用于确定图像的高光。用该吸管在图像中某点单击，图像中所有比该点亮的像素都被定义为白色，从而使图像变亮。所以，一般使用白色吸管来确定图像的白场。

3．曲线

【曲线】命令可以通过调整图像的暗调、中间调和高光等强度级别，校正图像的色调范围和色彩平衡。也可以使用【曲线】命令对图像中的个别颜色通道进行精确地调整。曲线直方图用做调整图像基本色调的直观参考，如图 7.6 所示。

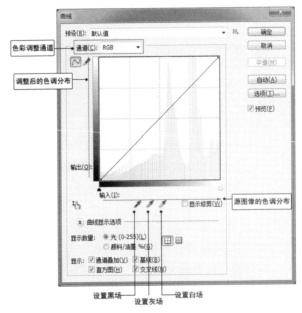

图 7.6 "曲线"对话框

通道：与色阶的通道是一样的功能，对于 RGB、CMYK 模式的图像在处理色偏时，可以仅选择某一通道进行调整，而不会影响到其他颜色通道的色调分布。

曲线区：表格的横坐标代表源图像的色调分布，纵坐标代表调整后的色调。RGB 图像默认的是左黑右白，即左侧代表图像的暗调区域，右侧代表图像的亮调区域，而 CMYK 图像的默认正好相反；未调整时，输入和输出的色调值是相等的，因此曲线为 45°的直线，当图像中像素点的输出色阶大于输入色阶时，该图像的亮度增加，如图 7.7 所示。

图 7.7　曲线调亮图像

　　当图像中像素点的输出色阶小于输入色阶时，该图像的亮度降低，如图 7.8 所示；当把图像中的亮部色调调高，暗部色调调低，可以增加图像中间色调的对比度，如图 7.9 所示。

图 7.8　曲线调暗图像

图 7.9　曲线增加图像的对比度

调节方法：调整曲线时，首先单击曲线上的点，然后拖动即可改变曲线的形状，还可以根据实际情况在曲线上添加多个调节点(最多放置 14 个调节点)，对不同的色调进行单独调节。按住 Shift 键可选择多个调节点，如要删除某一点，可将该点拖出曲线坐标区外，或是按住 Ctrl 键单击这个点即可。

注意：按住 Alt 键在直方图网格内单击，可在大小网格之间切换，网格大小对曲线功能没有影响，但较小的网格可以方便更好地观察。

7.3.2 操作步骤

(1) 启动 Adobe Photoshop CS5 后，执行【文件】|【打开】命令，将素材"偏亮风景.jpg"文件打开。

(2) 按 CTRL+J 键复制背景层，单击"图层"面板中的【创建新填充及调整图层】按钮，选择【阈值】命令，在图层面板上建立阈值调整图层，并打开"调整"面板，如图 7.10 所示。

图 7.10　新建阈值调整图层

(3) 边观察图像效果，边将"阈值"对话框上的滑块向左侧拖动，画面上剩少许黑色色块时停止拖动，寻找图像中的黑场。选择工具箱中的颜色取样器工具，并在图片区域的黑色色块位置单击设置第一个取样点，如图 7.11 所示。

(4) 边观察图像效果，边将"阈值"对话框上的滑块向右侧拖动，画面上剩少许白色色块时停止拖动，选择颜色取样器工具，在图片区域白色色块位置单击设置第二个取样点，如图 7.12 所示。

(5) 删除阈值调整图层，再次单击"图层"面板中的【创建新填充及调整图层】按钮，选择【色阶】命令建立色阶调整图层，并在"调整"面板中打开色阶直方图，如图 7.13 所示。

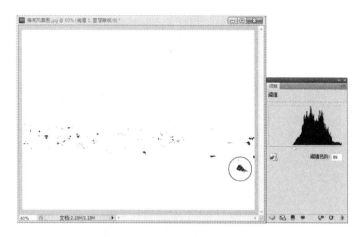

图 7.11　寻找黑场并设置取样点

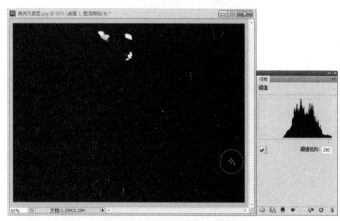

图 7.12　设置白场取样点

图 7.13　新建色阶调整图层

(6) 选择设置黑场吸管，单击图片上的第一个采样点，选择设置白场吸管，单击图片上第二个采样点，观察图像的色调已经恢复正常，如图 7.14 所示。

图 7.14　确定图像白场与黑场

7.3.3　使用色阶校正偏色图像

案例说明

　　通过运用【色阶】与【信息】面板的配合，对偏色的图像进行校正，素材与效果图如图 7.15 所示。

图 7.15　偏色图像调整前后的对比效果

操作步骤

　　(1) 启动 Adobe Photoshop CS5 后，执行【文件】|【打开】命令，将"建筑.jpg"文件打开，发现该图像明显偏绿。

(2) 按 Ctrl+J 键复制背景层，单击"图层"面板中的【创建新填充及调整图层】按钮，选择【色阶】命令，在"图层"面板上建立色阶调整图层，并打开"调整"面板，如图 7.16 所示。

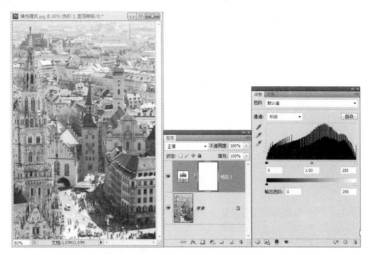

图 7.16　新建色阶调整图层

(3) 由于图像偏绿，需要将绿色整体减少，因此在色阶调整面板中的【通道】列表中选择"绿"，对绿色通道进行调整。为了使调整更加直观，打开【窗口】|【信息】面板。"信息"面板会实时显示图像调整前后的颜色值变化情况，其中斜杠前表示调整前的颜色值，斜杠后表示调整后的颜色值。

(4) 使用颜色取样器工具在图像中本应为灰色的位置单击(图中的墙壁)，添加一个颜色值#1，观察到该像素此时的颜色值(R：154，B：174，G：170)中红色值最低。而墙壁部分的颜色属于灰色调，因此需要调整红色通道中色阶的中间滑块，调整到与蓝色数值相等，如图 7.17 所示。

图 7.17　调整通过色阶值

(5) 由于本图为繁华街区照片，屋顶的颜色为橘红色，根据反光原理建筑物的墙壁色彩偏红，因此本图需要适当调整，将红色通道的中间色调提高，最终效果如图 7.18 所示。

图 7.18　最终调整效果

注意：在调整图像颜色的时候一定要掌握一个常识，所有的灰色(不论是深灰还是浅灰)，其 R、G、B 值一定是相等的，不同的是，深灰色的 R、G、B 值比较小(黑色的 R、G、B 值都是 0)，浅灰色的 R、G、B 值比较大(白色的 R、G、B 值都是 255)。调整图像就是要坚持将图像中本应是灰色的图像还原为灰色的原则。

7.4　人物牙齿美白

 案例说明

漂亮的白牙不是人人都有，拍出来的人像照片虽然笑容灿烂，可如果牙齿不够漂亮总有点煞风景。Photoshop CS5 通过使用快速蒙版工具、【曲线】命令结合【色相/饱和度】命令，可以快速给人物的牙齿美白。美白前后对比效果如图 7.19 所示。

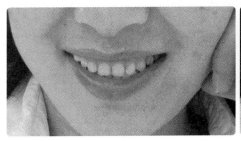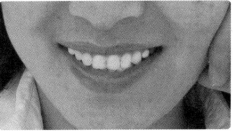

图 7.19　牙齿美白前后的对比效果

7.4.1　相关知识及注意事项

使用【色相/饱和度】命令，既可以调整整个图像的色相、饱和度和亮度，还可以对图像中的特定颜色进行调整。选择【图像】|【调整】|【色相/饱和度】命令(快捷键 Ctrl+U)，打开"色相/饱和度"对话框，如图 7.20 所示。

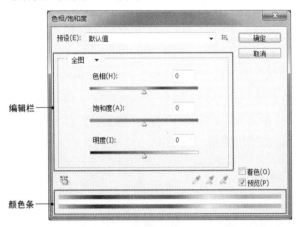

图 7.20　"色相/饱和度"对话框

编辑：选取要调整的颜色。全图，调整图像整体色彩；其他颜色，例如红，调整图像中的红色像素，绿，调整图像中的绿色像素。

色相：图像中色彩的相貌。输入数值(-180～+180)或拖动滑块都可以观察到图像颜色发生了改变。

饱和度：色彩的鲜艳程度。输入数值(-100～+100)或拖动滑块都可以改变饱和度。在数值框中输入正值或向右拖动滑块，饱和度增大；输入负值或向左拖动滑块，饱和度减小。

亮度：图像明暗程度。输入数值(-100～+100)或拖动滑块可以改变亮度。负值减低图像的亮度，正值增大图像的亮度。

颜色条：对话框中有两个颜色条，其中，上面的一条显示了调整前的颜色，下面的颜色条显示了调整后在全饱和状态下的所有色相。

7.4.2　操作步骤

(1) 执行【文件】|【打开】命令，打开"黄牙齿.jpg"图像，发现图像中牙齿明显偏黄。

(2) 按 Ctrl+J 键复制背景层，确定前景色为黑色，背景色为白色，双击工具栏中的快速蒙版的【工作模式】按钮，打开"快速蒙版选项"对话框，并在色彩指示栏中选择【所选区域】单选按钮，如图 7.21 所示。

(3) 在工具栏中选择画笔工具，设置画笔不透明度为 41%和流量为 46%，在图中牙齿的位置进行涂抹，涂抹后牙齿部分被红色覆盖，表示牙齿已被选中，如图 7.22 所示。

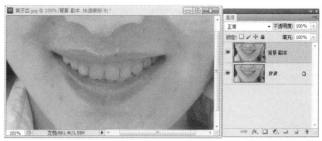

图 7.21 "快速蒙版选项"对话框　　　　　　　　图 7.22 涂抹牙齿

(4) 再次单击快速蒙版工具按钮，恢复到正常的工作模式，自动生成一个牙齿的选区，如图 7.23 所示。为了方便操作，在保持该选区存在的情况下，单击"图层"面板中的【蒙版】按钮，为背景副本图层生成一个蒙版，如图 7.24 所示。

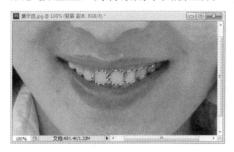
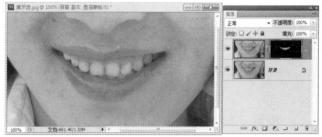

图 7.23 建立牙齿选区　　　　　　　　　　图 7.24 建立蒙版

(5) 使用曲线命令提升牙齿亮度。单击"图层"面板中的【创建新填充及调整图层】按钮，选择【曲线】命令，打开"曲线"对话框。在曲线上单击生成控制点，并向上调整控制点，提亮牙齿，如图 7.25 所示。

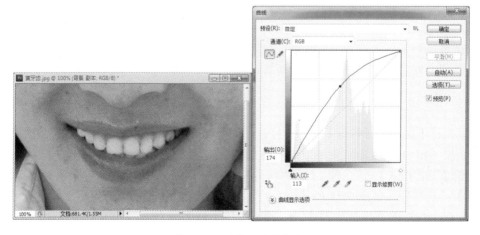

图 7.25 调整牙齿的亮度

(6) 使用【色相/饱和度】命令，美白牙齿。此时还发现有牙齿局部发黄，单击"图层"面板中的【创建新填充及调整图层】按钮，选择【色相/饱和度】命令，打开"色相/饱和度"对话框。选择对图像中的黄色进行调整。降低黄色的饱和度为-50，提高明度值至+100，如图 7.26 所示。

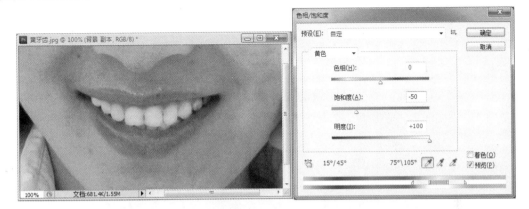

图 7.26　美白牙齿

(7) 整体观察，局部微调。仔细观察发现 MM 的里面牙齿有一些瑕疵，选择工具箱中的工具栏的减淡工具。在减淡工具的【属性】选项中，将范围设置为"中间调"，曝光度设为 50%，慢慢涂抹牙齿，直到满意为止，如图 7.27 所示。

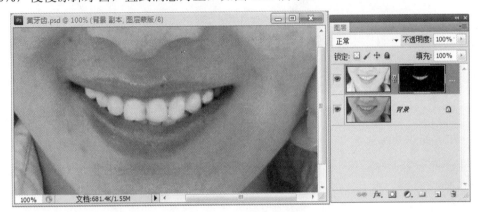

图 7.27　局部细节美白

7.5　两种常见缺陷照片的校正

非专业人士拍照片的时候很容易出现因为没有考虑太阳光的位置而出现逆光拍摄和照片曝光不足的情况。逆光下拍摄的照片会出现人物主体很暗，看不清楚图像的细节，而背景特别亮的特点。针对逆光拍摄的缺陷，Photoshop CS5 可以通过使用【阴影/高光】命令快速校正。针对曝光不足的缺陷，Photoshop CS5 可以通过使用【曝光度】命令快速校正。

7.5.1 逆光拍摄照片校正

 案例说明

本案例主要通过【阴影/高光】命令将逆光拍摄的照片转换为正常图像，素材与效果图对比如图 7.28 所示。

图 7.28 逆光照片的校正前后效果对比

1. 相关知识及注意事项——阴影/高光

【阴影/高光】命令适用于校正由强逆光而形成剪影的照片，或者校正由于太接近相机闪光灯而有些发白的焦点。在用其他方式采光的图像中，这种调整也可用于使阴影区域变亮。【阴影/高光】命令不是简单地使图像变亮或变暗，它基于阴影或高光中的周围像素(局部相邻像素)增亮或变暗。选择【图像】|【调整】|【阴影/高光】命令，打开"阴影/高光"对话框，如图 7.29 所示。从"阴影/高光"对话框可以看出，阴影和高光都有各自的控制选项。

(1) 阴影选项组的属性设置，用来调整图像的暗调区域。

① 拖动阴影数量滑块，调整图像中阴影的矫正量，数值越小，阴影变暗的程度越大。

② 拖动色调宽度滑块，调整阴影中色调的修改范围，较小的数值会限制只对较暗区域进行阴影校正的调整，数值越大对暗调区域调整的范围越大。

③ 拖动半径滑块，设置校正的缩放半径大小。较小的值将指定较小的区域。

(2) 高光选项组的属性设置与阴影组各选项设置方法基本相同，用来调整图像的亮部区域。调整选项组的属性设置，调整图像的整体对比度。

拖动颜色校正滑块，在已更改的图像区域中微调颜色饱和度。此调整仅适用于彩色图像。调整图像的饱和度，正的数值表示图像的饱和度增加，负的数值表示图像的饱和度减少。

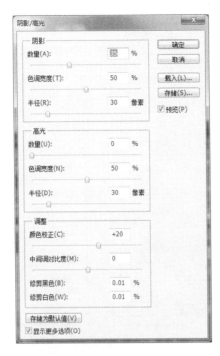

图 7.29　"阴影/高光"对话框

注意：颜色校正滑块只影响图像中发生更改的部分，因此颜色的变化量取决于应用了多少阴影或高光。阴影和高光的校正幅度越大，可用颜色校正的范围也就越大。颜色校正滑块对图像中变暗或变亮的颜色应用精细的控制。如果想要更改整个图像的色相或饱和度，需要在应用【阴影/高光】命令之后使用【色相/饱和度】命令。

(2) 拖动中间调对比度滑块，调整图像的对比度，向左移动滑块会降低对比度，相反将增加图像对比度。

(3) 修剪黑色和修剪白色，指定在图像中会将多少阴影和高光剪切到新的极端阴影(色阶为 0)和高光(色阶为 255)颜色。值越大，生成的图像的对比度越大。

注意：不要使修剪值太大，因为这样做会减小阴影或高光的细节。

2. 操作步骤

(1) 打开"逆光拍摄.jpg"素材图片，按 Ctrl+J 键复制背景层，单击"图层"面板中的【创建新填充及调整图层】按钮 ◢，选择【阴影/高光】命令，打开"阴影/高光"对话框，首先对阴影选项进行调整，由于图像偏暗，所以边观察图像边拖动数量滑块，提高图像的亮度，同时为了使图像的整体亮度提升，增加色调宽度的数值。观察图像的同时拖动半径滑块，使整个图像的亮度更加自然，如图 7.30 所示。

(2) 观察图像发现高光已经非常亮，所以对高光选项不做调整，但是调整后的图像的饱和度有些偏低，所以，在调整选项中调整颜色校正滑块，观察图像的同时加大图像的饱和度，和对比度，最终效果如图 7.31 所示。

图 7.30　设置阴影选项值

图 7.31　设置调整选项值

7.5.2　曝光不足照片校正

案例说明

　　本案例主要通过【曝光度】命令将曝光不足的照片转换为正常图像，素材与效果图如图 7.32 所示。

图 7.32　曝光不足照片的校正

　　1．相关知识及注意事项——曝光度

　　"曝光度"对话框主要用于调整 HDR(高动态范围)图像的色调，但也可用于 8 位和 16 位图像。曝光度是用来控制图片的色调强弱的工具。与摄影中的曝光度有点类似，曝光时间越长，照片就会越亮。选择【图像】|【调整】|【曝光度】命令，打开"曝光度"对话框，如图 7.33 所示。

图 7.33　设置调整选项值

曝光度设置面板有 3 个选项可以调节：曝光度、位移、灰度系数校正。

(1) 曝光度用来调节图片的光感强弱，数值越大图片会越亮。

(2) 位移用来调节图片中灰度数值，也就是中间调的明暗，向左滑动变暗，向右变亮。

(3) 灰度系数校正是用来减淡或加深图片灰色部分，可以消除图片的灰暗区域，增强画面的清晰度。向右拖动减淡图像的灰色部分，向左拖动加深图像的灰色部分。

2. 操作步骤

打开名为"曝光不足图像.jpg"的素材图片，按 Ctrl+J 键复制背景层，单击"图层"面板中的【创建新填充及调整图层】按钮 ，选择【曝光度】命令，打开"曝光度"对话框，首先对曝光度选项进行调整，由于图像曝光不足整体偏暗，所以边观察图像边拖动数量滑块，提高图像的亮度，如图 7.34 所示.

图 7.34　设置曝光度选项值

7.6　严重偏色图像的校正

　案例说明

图像偏色会造成色彩通道受损，所以对于严重偏色的图像，本案例主要通过【通道混合器】命令将其转换为正常图像，校正思路是分层次来调整。首先利用通道混合器进行修补，然后用【颜色平衡】命令进行微调，利用【可选颜色】命令进行细微的肤色调整，最后进行磨皮，提亮。素材与效果图如图 7.35 所示。

图 7.35　严重偏色图像的校正效果对比

7.6.1　相关知识及注意事项

1. 通道混合器

通道混合器是在各个通道之间(RGB 模式下红绿蓝通道的混合)进行混合的一个工具。其实是将各个通道的亮度以不同比例进行混合。选择【图像】|【调整】|【通道混合器】命令，打开"通道混合器"对话框，如图 7.36 所示。

图 7.36　"通道混合器"对话框

一张图片中如果红色最多，那么在通道中红通道亮度会最亮，也就是说绿通道和蓝通道都会比红通道亮度低，那么用通道混合器调整图像时，可以把绿和蓝通道的一部分亮度借给了红通道。红通道因蓝和绿通道的亮度混合后亮度降低，红通道亮度降低就等于红色减少，红色和青色是补色，红色减少就等于青色增加，所以如果碰到人物的肤色偏红就可以用通道混合里的红通道里混入一定绿通道的亮度来中和偏色，这里没有提到混入蓝通道是因为蓝通道品质一般都比其他通道差，所以一般不建议把蓝通道混合。

2. 色彩平衡

图像中每个色彩的调整都会影响整体色彩平衡，比如减少图像中的绿色，图像就显示洋红色；减少蓝色，图像就发黄等等。【色彩平衡】命令可以更改图像的总体颜色混合，而且还可以快捷地通过调整图像阴影区、中间色调区、高光区的各个色彩成分来调整图像整体颜色。

选择【图像】|【调整】|【色彩平衡】命令(快捷键 Ctrl+B)，打开 "色彩平衡" 对话框，如图 7.37 所示。

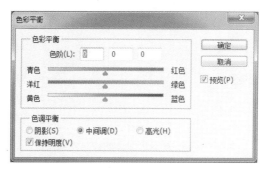

图 7.37 "色彩平衡" 对话框

色彩平衡色阶选项：在这个区域，可以对色彩进行调整，可以通过减少一种颜色的办法，增加它的互补色。3 个输入框，数值为-100～+100，分别对应 3 个颜色调整滑块。

色调平衡选项：在这个区域，可以选择要着重更改的色调范围。选项有暗调、中间调、亮调。

保持亮度：勾选该选项表示，在改变色彩成分的过程中，保持图像的亮度值不变。此项仅对 RGB 模式的图像起作用。

7.6.2 操作步骤

(1) 打开名为 "偏色图像.jpg" 的素材图片，按 Ctrl+J 键复制背景层，打开 "通道" 面板，查看各通道，发现蓝色通道偏亮，红色通道偏暗，绿色通道基本正常。单击 "图层" 面板中的【创建新填充及调整图层】按钮，选择【通道混合器】命令，打开 "通道混合器" 对话框，如图 7.38 所示.

分析：图像偏蓝色，这种情况下一定是蓝色通道亮度很高，遇到这种情况可以在红色通道里混合进绿通道，因为红色+绿色=黄色，这样做可以降低图像中的蓝色成分。一般情况下绿色通道都是细节最丰富的(绿色在自然界中也是最中性的一种颜色，在同样的环境拍摄下绿色的色彩最容易拍出它原有的色彩)。

(2) 在 "通道混合器" 对话框中选择红色通道，向右拉动绿色滑块到 65，向红色通道中输入绿色，目的是降低图像的蓝色成分。由于图像整体亮度过高，适当降低红色的百分比到 80，效果如图 7.39 所示。

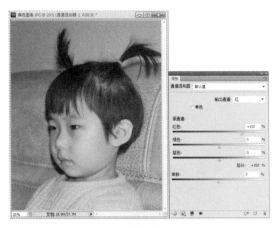

图 7.38　严重偏色图像的校正

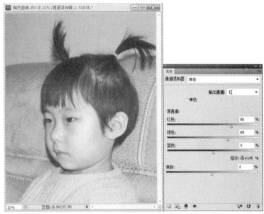

图 7.39　修改红色通道

(3) 在"通道混合器"对话框中选择蓝色通道，由于图像偏蓝色，所以向左拉动蓝色滑块至 40，降低图像中的蓝色亮度。向右拉动绿色滑块至 35，使用绿色通道修复蓝通道中丢失的细节，效果如图 7.40 所示。

(4) 如果对图片的色彩还不十分满意，就进行微调。调整色彩之前，用颜色取样器在皮肤中间色上取个样点，可以看到，这个样点的红色为 255，绿色为 196，蓝色为 170，根据皮肤应该偏红润的原则，发现蓝色偏高。

(5) 单击"图层"面板中的【创建新填充及调整图层】按钮，选择【色彩平衡】命令，打开"色彩平衡"对话框，首先调整中间色调，边观察图像边增加黄色至-40，如图 7.41 所示。

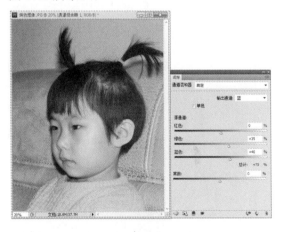

图 7.40　调整蓝色通道

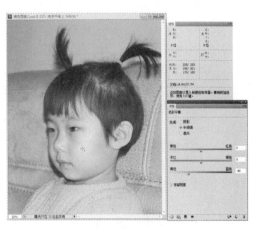

图 7.41　调整中间色调

注意：处理出带有层次感的皮肤颜色，推荐用色彩平衡，首先设置中间调，调高红色和黄色，并适当加强洋红，接下来单击阴影色调，阴影部分一样适当加强红色和黄色，但不再加强洋红，而是向绿色方向加强，最后单击高光，适当加强青色和洋红及蓝色，这是调整黄色肤种的常用手法。这样就能让肤色产生层次感。

(6) 调整阴影，边观察图像边增加红色至+20，绿色+10，黄色-7，最后调整高光，适当的加强青色至-15，洋红至-10，蓝色至+5，提亮面部的肤色，效果如图 7.42 所示。

(7) 发现图像色调偏冷，因此适当增加图像的饱和度。单击"图层"面板中的【创建新填充及调整图层】按钮 ，选择【色相/饱和度】命令，打开"色相/饱和度"对话框，增加图像的饱和度至+15，如图 7.43 所示。

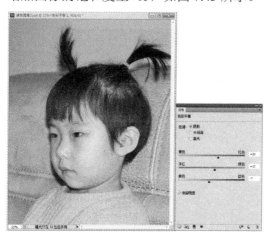

图 7.42 调整色彩平衡   图 7.43 调整图像饱和度

(8) 适当增加孩子皮肤的亮度。单击"图层"面板中的【创建新填充及调整图层】按钮 ，选择【曲线】命令，打开"曲线"对话框，适当调整图像亮度区域的曲线，如图 7.44 所示。

(9) 嘴唇变红润。按 Ctrl+E 键盖印图像。单击"图层"面板中的【创建新图层】按钮 ，在盖印图像上创建一个新的图像，命名为：嘴唇颜色。

(10) 将前景色设置为红色，选择画笔工具 ，在嘴唇上涂上红色，然后将图层的模式改为"颜色"，适当的调节图像的不透明度至 35%，如图 7.45 所示。

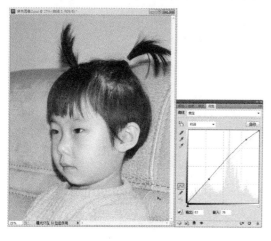

图 7.44 调整曲线

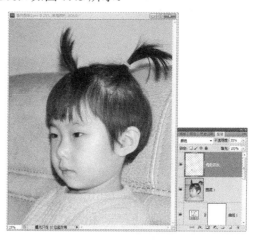

图 7.45 添加红色嘴唇

(11) 脸色变红润，新建图层并命名为：脸蛋，使用画笔工具 ![画笔工具] 在孩子脸蛋上涂上红色，然后将图层的模式改为"颜色"，适当地调节图像的不透明度至 80%，完成图像调整，如图 7.46 所示。

图 7.46　最终效果

7.7　将彩色图像转换为黑白图像

![图标] 案例说明

传统摄影中的黑白图片在 Photoshop 中称之为灰度图片，即无色彩图片。本案例主要通过运用【渐变映射】或【黑白】命令，将彩色图像转换为黑白图像，最终效果对比如图 7.47 所示。

(a) 原图　　　　　　　　　　(b) 去色命令

图 7.47　3 种无色图像的转换

(c) 渐变映射命令　　　　　　　　　(d) 黑白命令

图 7.47　3 种无色图像的转换(续)

7.7.1　相关知识及注意事项

1. 去色

【去色】命令将彩色图像转换为灰度图像,但图像的颜色模式保持不变。例如,它为 RGB 图像中的每个像素指定相等的红色、绿色和蓝色值,每个像素的明度值不改变。此命令与在"色相/饱和度"对话框中将【饱和度】设置为-100 的效果相同。

2. 渐变映射

【渐变映射】命令将相等的图像灰度范围映射到指定的渐变填充色。如果指定渐变填充,例如,图像中的阴影映射到渐变填充的一个端点颜色,高光映射到另一个端点颜色,则中间调映射到两个端点颜色之间的渐变,如图 7.48 所示。

图 7.48　渐变映射效果

3. 黑白

【黑白】命令可将彩色图像转换为灰度图像,同时保持对各颜色的转换方式的完全控制。也可以通过对图像应用色调来为灰度着色。在【黑白】命令中勾选【色调】复选框,然后在右侧色彩框中选择某一色彩,还可以将彩色图像转换为单色图像,如图 7.49 所示。

图 7.49　黑白命令单色调效果

注意：对于一般的图片，在不改变图像模式的前提下，可以采用简单方便的【去色】命令，但因为它只改变图像的色彩值而不改变明度值，因此会将一些存在明度差别但色彩值相同的像素转换为相同灰度。例如，黄色在人的视觉中是属于比较明亮的颜色，而同等纯度的蓝色或绿色则较暗淡，但经过去色转换后两种色调会混合在一起。因此，为了避免这种情况，可以采用【渐变映射】或【黑白】命令将彩色图像转换为黑白图像。

7.7.2　操作步骤

方法 1：

(1) 执行【图像】|【调整】|【渐变映射】命令，或在"图层"面板上选择【创建新的填充或调整图层】|【渐变映射】选项。

(2) 选择黑色到白色的渐变，如图 7.50 所示。

图 7.50　渐变映射命令去色效果

方法 2：

(1) 执行【图像】|【调整】|【黑白】命令，或在"图层"面板上选择【创建新的填充或调整图层】|【黑白】选项。

(2) 根据图像中最为明亮的色彩进行适当的调整，本案例的示例图片中，黄色为明亮颜色，因此适当调整黄色的数值，由 60%调整为 96%，如图 7.51 所示。

图 7.51　黑白命令去色效果

7.8　给黑白图片上色

 案例说明

　　黑白照片有黑白的魅力，但是利用 Photoshop CS5 也可以随心所欲地给黑白照片上颜色，让图片更加绚烂多姿，人物更富有魅力。本案例中通过运用【色彩平衡】、【色相/饱和度】等命令，为黑白的图像上彩色。制作的思路是分模块完成。首先整体调整皮肤的颜色，然后再给人物进行局部的细化。最终对比效果如图 7.52 所示。

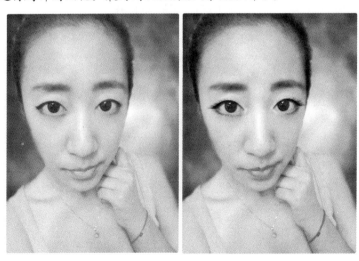

图 7.52　给黑白图片上色前后效果对比

制作步骤

   1. 皮肤整体上色

   (1) 调整中间调。打开名为"黑白色.jpg"的素材图片，按 Ctrl+J 复制背景层，单击"图层"面板中的【创建新填充及调整图层】按钮　，选择【色彩平衡】命令，打开"色彩平衡"对话框，色调选择中间调，调高黄色和红色并适当加强洋红，具体参数如图 7.53 所示。

图 7.53　调整色彩平衡中间调

   (2) 调整阴影。色调选择阴影，适当加强红色和黄色，不要加强洋红，要将绿色加强，这样可使肤色产生层次感。具体参数如图 7.54 所示。

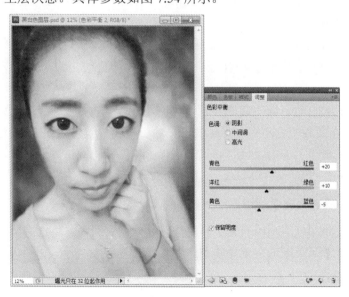

图 7.54　调整色彩平衡阴影

(3) 调整高光。色调选择高光，适当加强青色和洋红及蓝色提亮面部的肤色(也就是说不要使高光、中间调、阴影的色调相近，这样的皮肤缺乏层次感)。具体参数如图 7.55 所示。

2. 彩妆修饰——眼线

(1) 绘制眼线。新建一个图层命名为"眼线"，使用吸管工具 ，在人物眼睛最暗部为吸取颜色作为前景色，使用画笔工具 ，调节笔头大小，在眼睛上画出眼线，如图 7.56 所示。

图 7.55　调整色彩平衡高光　　　　　　　图 7.56　绘制眼线

(2) 添加睫毛。打开素材中名为"睫毛.jpg"的图像，使用矩形选区工具 ，选择上睫毛复制到人物图像中，修改图层名称为"左上睫毛"，图层模式改为"正片叠底"，选择【编辑】|【变换】|【变形】命令，调整变形节点将睫毛与人物的眼睛的形状适配，同样的方法将下睫毛也调整到适当的位置(上下睫毛分开做的目的是为了调整方便)，如图 7.57 所示。

(3) 修改睫毛到自然。为上睫毛图层和下睫毛图层添加蒙版，前景色设置为黑色，使用画笔工具 ，在蒙版中将不需要显示的部分涂黑，观察效果如图 7.58 所示。

(4) 添加右眼睫毛。重复步骤(2)和步骤(3)，将右侧眼睛的睫毛添加，效果如图 7.59 所示。

3. 调整头发眉毛的颜色

(1) 调整头发的颜色。利用套索工具将头发部分大致选中，将选区羽化 20 像素，单击"图层"面板中的【创建新填充及调整图层】按钮 ，选择【色彩平衡】命令，加深选择阴影色调，调整青色-25，绿色+15，蓝色+25。效果如图 7.60 所示。

图 7.57　添加睫毛

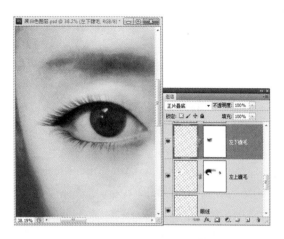

图 7.58　修改睫毛到自然

图 7.59　添加右眼睫毛

图 7.60　调整头发的颜色

　　(2) 调整眉毛的颜色。用与步骤(1)同样的方法调整眉毛的颜色，具体参数为：阴影色调(青色-30，绿色+15，蓝色+35)。

　　(3) 调整眼睛的颜色。用与步骤(1)同样的方法调整颜色的颜色，具体参数为：阴影色调(青色-15，绿色+15，蓝色+20)，高光色调(青色-20，绿色-15，蓝色+25)，如图 7.61 所示。

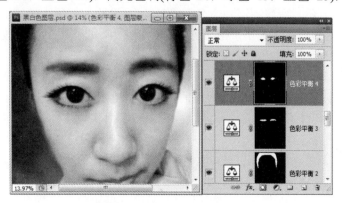

图 7.61　调整眉毛和眼睛的颜色

4. 给人物添加彩妆

(1) 添加腮红。新建图层并命名为"腮红",设置前景色为(R250,G10,B120),使用画笔工具 ✐在人物的脸部涂上腮红,将图层的模式改为"叠加",图层的不透明度改为20%。

(2) 添加唇彩。新建图层并命名为"唇彩",设置前景色为(R250,G0,B125),使用画笔工具 ✐在人物的嘴部涂上唇彩,将图层的模式改为"叠加",图层的不透明度改为40%。效果如图 7.62 所示。

(3) 提亮鼻梁。按 Ctrl+Shift+Alt+E 键盖印图像,将图层命名为"盖印",选择减淡工具 ✐,设置不透明度为 50%,然后沿着人物的鼻梁适当涂抹,让人物的鼻梁更显挺拔。效果如图 7.63 所示。

图 7.62　添加腮红和唇彩　　　　　　　图 7.63　提高鼻梁亮度

(4) 提亮眼角。新建图层并命名为"眼角",设置前景色为白色,使用画笔工具 ✐,在人物的眼睛绘制出白色,设置图层模式为"正片叠底",不透明度为 75%,可以用橡皮工具进行形状的修改,效果如图 7.64 所示。

5. 细节修改

(1) 添加手链颜色。新建图层并命名为"手链",设置前景色为(R250,G0,B0),选择画笔工具 ✐设置适当的笔头大小,在手链部位涂上红色,将图层的模式改为"叠加",效果如图 7.65 所示。

(2) 添加衣服颜色。选择盖印图层,利用磁性套索工具 ✐将人物的衣服部分选中,将选区羽化 20 像素,单击"图层"面板中的【创建新填充及调整图层】按钮 ✐,选择【色彩平衡】命令。选择【着色】选项并调整色相 255,饱和度 35,亮度 0,效果如图 7.66 所示。

(3) 添加背景颜色。新建图层并命名为"背景",设置前景色为(R25,G255,B0),选择"画笔工具" ✐设置适当的笔头大小,将人物后面的背景涂上颜色,将图层的模式改为"叠加",不透明度为"40%",完成图像上色,最终效果如图 7.67 所示。

图 7.64　提升眼角亮度

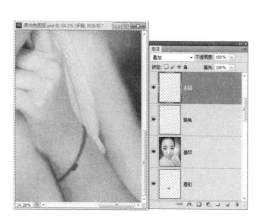

图 7.65　手链上色

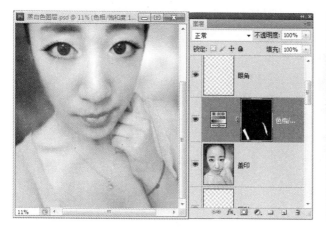

图 7.66　衣服上色

图 7.67　添加背景颜色

7.9　本　章　小　结

　　本章主要通过"数码相片的颜色环境设置""数码相片的专业颜色校正"和"两种常见缺陷照片的校正"案例介绍了 Photoshop 中校正图片的一般技巧，通过"将彩色图像转换为黑白图像""为黑白照片上色"和"正片负冲效果"介绍了 Photoshop 在模拟真实胶片效果中的技巧。通过本章的学习，读者可以使用 Photoshop 对图片进行色彩方面的处理。

7.10　思考与练习

一、选择题

1. _____ 是 Photoshop CS3 新增加的功能。

　　A．色阶　　　　　B．阴影/高光　　　C．黑白　　　　　D．反相

第 7 章　图像色彩调整

181

2．可以通过使用_____命令将彩色图像转换为灰度图像。

    A．曲线   B．色彩平衡   C．可选颜色   D．渐变映射

3．_____色彩调整命令可提供最精确的调整。

    A．色阶   B．亮度/对比度

    C．曲线   D．色彩平衡

4．_____命令用来调整色偏。

    A．色调均化   B．阈值

    C．色彩平衡   D．亮度/对比度

5．_____是正确的。

    A．色相、饱和度和亮度是颜色的 3 种属性

    B．【色相/饱和度】命令具有基准色方式、色标方式和着色方式 3 种不同的工作方式

    C．【替换颜色】命令实际上相当于使用颜色范围与【色相/饱和度】命令来改变图像中局部的颜色变化

    D．色相的取值范围为 0～180

6．_____色彩模式的图像不能执行可选颜色命令。

    A．Lab 模式   B．RGB 模式

    C．CMYK 模式   D．多通道模式

二、判断题

1．去色可以把黑色变成白色。   （   ）

2．阈值可以把图像转换为灰度图像。   （   ）

3．色阶是通过将图像上所有的颜色点分为 3 类(黑、白、灰)，然后通过调整各类数量以达到调整图像色调的目的。   （   ）

4．对于逆光照片，可以通过在"图层"面板上创建【阴影/高光】调整图层进行校正。   （   ）

5．调整图层是通过图层蒙版进行区域范围修整的。   （   ）

三、操作题

1．根据"偏色图像校正"案例为素材图片校正颜色。

2．根据"黑白图像上色"案例为素材图像上色。

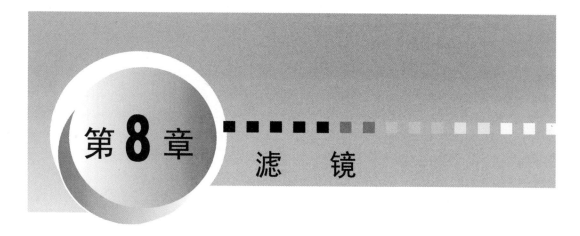

第 **8** 章   滤 镜

教学目标

通过本章的学习，了解 Photoshop 内置滤镜的种类；掌握内置滤镜和外挂滤镜的使用方法和技巧；掌握外挂滤镜的安装方法；掌握本章案例的操作，并能够举一反三，更好地进行图形图像的辅助设计与制作。

知识目的：了解滤镜的功能以及用法，相关参数设定，以及能够产生的效果。

能力目的：灵活熟练运用滤镜进行各效果的制作。

重点与难点：

重点：掌握各种滤镜的功能及用法。

难点：各种滤镜的延伸应用。

教学要求

知识要点	能力要求	关联知识
内置滤镜	了解内置滤镜的种类，掌握内置滤镜的使用方法和技巧	图层、选区和路径
外挂滤镜	掌握外挂滤镜的安装方法、使用方法和技巧	"图层"面板、"路径"面板

8.1　概　　述

滤镜是 Photoshop 的特色工具之一，恰当地利用滤镜，不仅可以改善图像效果、掩盖缺陷，还可以在原有图像的基础上产生许多特殊的效果。Adobe 提供的滤镜显示在【滤镜】菜单中，第三方软件开发商提供的外挂滤镜可以作为增效工具使用，在安装后，这些增效工具滤镜出现在【滤镜】菜单的底部。根据这些特性，前者称为"内置滤镜"，后者称为"外挂滤镜"。

内置滤镜按类别可分为 13 类，分别是风格化、画笔描边、模糊、扭曲、锐化、视频、素描、纹理、像素化、渲染、艺术效果、杂色、其他。要使用滤镜，从【滤镜】菜单中选取相应的子菜单命令即可。

8.2　液化滤镜之人物美容

 案例说明

本案例将在使用液化滤镜的过程中介绍液化滤镜的功能，并通过实际应用掌握液化滤镜的神奇功效。该案例的效果对比如图 8.1 所示。

图 8.1　液化效果对比图

8.2.1　相关知识及注意事项

1. 液化滤镜

液化滤镜可用于对图像进行各种各样的类似液化效果的扭曲变形操作，如推、拉、旋

转、反射、折叠和膨胀等。也可以定义扭曲的范围和强度,可以是轻微的变形,也可以是非常夸张的变形效果。还可以将调整好的变形效果存储起来或载入以前存储的变形效果。因而,【液化】命令成为 Photoshop 中修饰图像和创建艺术效果的强大工具。

向前变形工具 ：在拖移时向前推像素。其中画笔大小设置扭曲图像的画笔宽度。

重建工具 ：对变形进行全部或局部的恢复。

顺时针旋转扭曲工具 ：在按住鼠标左键或拖移时可顺时针旋转像素。要逆时针旋转扭曲像素,可在按住鼠标或拖移时按住 Alt 键。

褶皱工具褶皱工具 ：在按住鼠标或拖移时使像素朝着画笔区域的中心移动,起到收缩图像的作用。

膨胀工具 ：在按住鼠标或拖移时使像素朝着离开画笔区域中心的方向移动。

左推工具 ：当垂直向上拖移该工具时,像素向左移动(如果向下拖移,像素会向右移动)。也可以围绕对象顺时针拖移以增加其大小,或逆时针拖移以减小其大小。要在垂直向上拖移时向右移动像素(或者要在向下拖移时向左移动像素),可在拖移时按住 Alt 键。

冻结蒙版工具 ：在预览图像上绘制,可保护区域免被进一步编辑。

解冻蒙版工具 ：在被冻结区域上拖动鼠标即可将冻结区域解冻。

2. 工具选项

在使用工具前,需要在"液化"对话框右侧的【工具】选项栏中对画笔大小和画笔压力进行以下设置。

【画笔密度】:控制画笔如何在边缘羽化。产生的效果是画笔的中心最强,边缘处最弱。

【画笔压力】:设置在预览图像中拖移工具时的扭曲速度。使用低画笔压力可减慢更改速度,因此更易于在恰到好处的时候停止。

【画笔速率】:设置在使用工具(例如旋转扭曲工具)在预览图像中保持静止时扭曲所应用的速度。该设置的值越大,应用扭曲的速度就越快。

【湍流抖动】:控制湍流工具对像素混杂的紧密程度。

【光笔压力】:使用光笔绘图板中的压力读数(只有在使用光笔绘图板时,此选项才可用)。选中【光笔压力】复选框后,工具的画笔压力为光笔压力与画笔压力值的乘积。

8.2.2　操作步骤

(1) 打开本章素材文件夹中的"液化.jpg"素材图像,使用【曲线】命令整体提亮人物肤色,以及运用修复画笔工具 进行斑点修复,使用加深工具 对眼睛进行加深,这样能够使眼睛更明亮有神,如图 8.2、图 8.3 所示。

(2) 选择海绵工具 ,提高人物嘴唇饱和度的颜色,使嘴唇的颜色更加亮丽。基本设置和效果如图 8.4 所示。

(3) 执行【滤镜】|【液化】命令,打开"液化"对话框,如图 8.5 所示。

(4) 在对话框中选择冻结工具 ,对不需要改变的部位进行冻结,冻结后的图像将不被变形,如图 8.6 所示。

图 8.2 修复效果

图 8.3 加深效果

图 8.4 海绵应用效果图

注意: 绘制冻结区域的时候,根据希望变形为的形状进行绘制,根据中国人的传统审美标准,尖尖下巴的鹅蛋脸型比较受欢迎,所以,冻结的形状也为此形状。

图 8.5 "液化"对话框

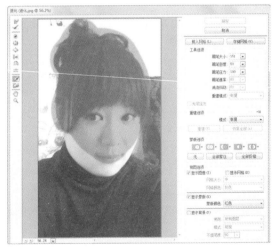

图 8.6 液化冻结图

(5) 运用向前变形工具,并调整画笔的大小,压力等值,向内推脸部边缘,形成向内收缩的效果,从而达到瘦脸的目的,如图 8.7 所示。

注意: 使用向前变形工具的时候,建议设置画笔大小稍大,压力稍小一些,然后在图像中需要瘦脸的部位进行逐步推动,不要想着一步到位,这样很容易造成人物脸部轮廓不平滑、不自然的情况。

(6) 整理观察图像,对不满意的地方再进行细微的调整,完成图像修改操作。

图 8.7 【向前变形】工具

8.3 给箱子添加花纹

 **案例说明**

本案例应用【消失点】滤镜为箱子添加花纹，使单调的箱子成为精美、华丽的样式。本案例如图 8.8 所示。

图 8.8 消失点效果对比图

8.3.1 相关知识及注意事项

消失点工具主要用于进行物体的贴图处理，配合"消失点"面板的工具参数，可以设定物体的变形方式，再通过调整图层的混合模式得到完美的融合效果。

具体的使用方法如下。

(1) 准备要在消失点中使用的图像。

① 为了将"消失点"处理的结果放在单独的图层中,需在选取【消失点】命令之前创建一个新图层。将消失点处理的结果放在单个图层中可以保留原始图像,并且可以使用图层不透明度控制样式和混合模式。

② 如果打算将某个项目从 Photoshop 剪贴板粘贴到"消失点"中,需在选取【消失点】命令之前复制该项目。如果要复制文字,可选择整个文本图层,然后复制到剪贴板。

③ 要将"消失点"处理的结果限制在图像的特定区域内,需在选取【消失点】命令之前建立一个选区或向图像中添加蒙版。

(2) 执行【滤镜】|【消失点】命令。

(3) 定义平面表面的 4 个角节点。

① 选中创建平面工具█,在预览图像中单击以定义角节点。在创建平面时,尝试使用图像中的矩形对象作为参考线。

② 按住 Ctrl 键并拖动边缘节点以拉出平面。

(4) 编辑图像。

① 建立选区。在绘制一个选区之后,可以对其进行仿制、移动、旋转、缩放、填充或变换操作。

② 从剪贴板粘贴项目。粘贴的项目将变成一个浮动选区,并与它将要移动到的任何平面的透视保持一致。

③ 使用颜色或样本像素绘画。

(5) 单击【确定】按钮。

在单击【确定】按钮之前,可以通过从【消失点】菜单中选取【渲染网格至 Photoshop】选项,将网格渲染至 Photoshop。

8.3.2 操作步骤

(1) 打开本章素材文件夹中名为"消失点.jpg"的图像文件,单击"图层"面板中的【新建图层】按钮█,新建一个图层,命名为"第一个面",如图 8.9 所示。

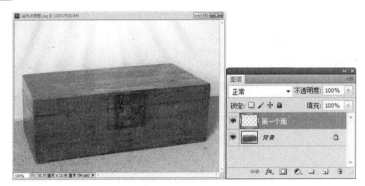

图 8.9 打开素材图像

(2) 打开本章素材文件夹中名为"雕花.jpg"的图像文件,执行【选择】|【全选】命令

(快捷键 Ctrl+A)，进行花纹的全选，复制素材图片(快捷键 Ctrl+C)，以备后面使用，如图 8.10 所示。

(3) 执行【滤镜】|【消失点】命令，打开"消失点"对话框，如图 8.11 所示。

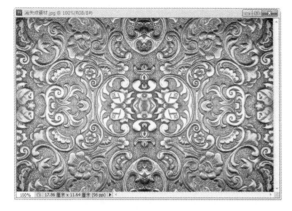

图 8.10　雕花素材

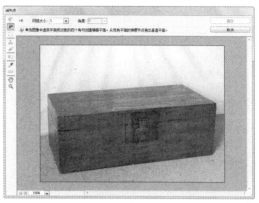

图 8.11　"消失点"对话框

(4) 选择创建平面工具，在箱子顶面的位置用单击的方式创建平面网格，如图 8.12 所示。

提示：创建平面时，可注意观察网格的颜色，如果网格线为红色并且不显示平面的时候，表明所画的平面是错误的，调整出蓝色网格为正确的角度，还可在界面上方设置网格大小，此时界面的网格间距会发生变化。

(5) 在完成的"网格"面板中分别放入素材。按 Ctrl+V 键把复制在剪贴板上的素材粘贴进来。然后拖到建立的网格里，这样可以自动地适应这个网格。可以调整粘贴进来的素材的四角调节点来调整花纹的大小。完成的效果如图 8.13 所示。

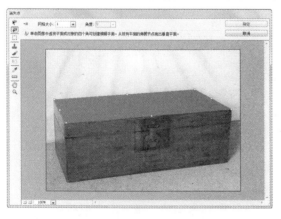

图 8.12　"消失点"对话框

图 8.13　完成效果

(6) 将第一个面图层的混合模式设置为【正片叠底】，产生的效果如图 8.14 所示

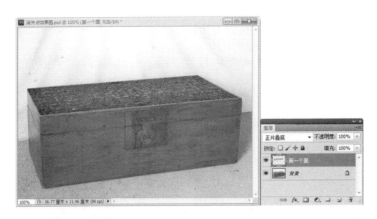

图 8.14　设置正片叠底图层模式

(7) 选择多边形套索工具，把箱子图片上的锁选出来，并且在"通道"面板中创建
Alpha 1 通道，以保存选区，方便后面的操作中调用，如图 8.15 所示。

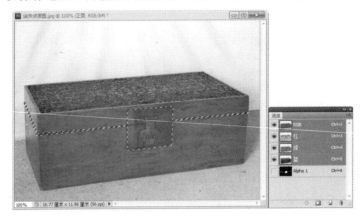

图 8.15　消失点通道应用

(8) 应用同样的方法为箱子的正面和侧面也同样添加上花纹，并最终完成效果。

8.4　风格化滤镜组

相关知识及注意事项

风格化滤镜可以产生不同风格的印象派艺术效果。

【查找边缘】：强调图像的轮廓，用彩色线条勾画出彩色图像边缘，用白色线条勾画出
灰度图像边缘，如图 8.16 所示。

【等高线】：查找图像中主要亮度区域的过渡区域，并用细线勾画每个颜色通道的图像
边缘，如图 8.17 所示。

【风】：在图像中创建细小的水平线以模拟风效果，如图 8.18 所示。

图 8.16 查找边缘

图 8.17 等高线

图 8.18 起风效果

【浮雕效果】：将图像的颜色转换为灰色，并用原图像的颜色勾画边缘，使选区显得突出或下陷，如图 8.19 所示。

【扩散】：根据所选项搅乱选区内的像素，使选区看起来聚焦较低，如图 8.20 所示。

【拼贴】：将图像拆散为一系列的拼贴，如图 8.21 所示。

图 8.19 浮雕效果

图 8.20 扩散

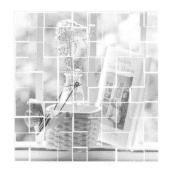
图 8.21 拼贴

【曝光过度】：混合正片和负片图像，与在冲洗过程中将相片简单的曝光以加亮相似，如图 8.22 所示。

【凸出】：创建三维立体图像，如图 8.23 所示。

【照亮边缘】：查找图像中颜色的边缘并增加类似霓虹灯的亮光，如图 8.24 所示。

图 8.22 曝光过度

图 8.23 凸出

图 8.24 照亮边缘

8.5 【画笔描边】滤镜组

使用不同的画笔和油墨笔产生不同风格的绘画效果。

【成角线条】：用对角线修描图像。图像中较亮的区域用一个线条方向绘制，较暗的区域用相反方向的线条绘制，如图 8.25 所示。

【墨水轮廓】：绘制油墨风格的图像，使图像产生像是用饱和黑色墨水的湿画笔在宣纸上绘画的效果，如图 8.26 所示。

【喷溅】：产生与喷枪喷绘一样的效果，如图 8.27 所示。

图 8.25 成角线条　　　　　　图 8.26 墨水轮廓　　　　　　图 8.27 喷溅

【喷色描边】：产生斜纹的喷色线条，如图 8.28 所示。

【强化的边缘】：强化图像的边缘。当边缘亮度控制被设置为较高的值时，强化效果与白色粉笔相似；亮度设置为较低时，强化效果与黑色油墨相似，如图 8.29 所示。

【深色线条】：使用短、密的线条绘制图像中与黑色接近的深色区域，并用长的、白色线条绘画图像中较浅的颜色，如图 8.30 所示。

图 8.28 喷色描边　　　　　　图 8.29 强化边缘　　　　　　图 8.30 深色线条

【烟灰墨】：在原细节上用钢笔油墨风格的细线重绘图像，如图 8.31 所示。

【阴影线】：模拟铅笔阴影线为图像添加纹理，并保留原图像的细节和特征。通过对话框中的"Strength"选项控制阴影线通过的数量，如图 8.32 所示。

图 8.31　烟灰墨

图 8.32　阴影线

8.6　【模糊】滤镜组

该组滤镜可以模糊图像，这对修饰图像非常有用。

【表面模糊】：在保留边缘的条件下进行图像的模糊，如图 8.33 所示。

【动感模糊】：能以某种方向(-360～+360 度)和某种强度(1～999)模糊图像。此滤镜效果类似于用固定的暴光时间给运动的物体拍照，如图 8.34 所示。

【方框模糊】：以相邻的颜色为基准来进行色彩平均产生模糊的效果，如图 8.35 所示。

【高斯模糊】：按可调的数量快速地模糊选区。高斯指的是当 Adobe Photoshop 对像素进行加权平均时所产生的菱状曲线。该滤镜可以添加低频的细节并产生朦胧效果，如图 8.36 所示。

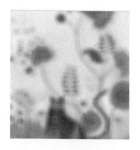

图 8.33　表面模糊

图 8.34　动感模糊

图 8.35　方框模糊

【径向模糊】：模糊前后移动相机或旋转相机产生的模糊，以制作柔和的效果。选取"Spin"可以沿同心弧线模糊，然后指定旋转角度；选取"Zoom"可以沿半径线模糊，就像是放大或缩小图像，如图 8.37 所示。

【镜头模糊】：模拟照相机的镜头原理，可以为图像添加景深效果，如图 8.38 所示。

【平均】：查找图像中的平均颜色，并且以这个平均颜色来填充画面，如图 8.39 所示。

【特殊模糊】：对一幅图像进行精细模糊。指定半径可以确定滤镜，可以搜索不同像素进行模糊的范围；指定域值可以确定像素与被消除像素有多大差别；在对话框中也可以指定模糊品质；还可以设置整个选区的模式，或颜色过渡边缘的模式，如图 8.40 所示。

【形状模糊】：以矢量形状库中的形状样式来进行模糊，如图 8.41 所示。

图 8.36 高斯模糊

图 8.37 镜像模糊

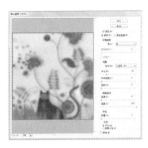

图 8.38 镜头模糊

图 8.39 平均

图 8.40 特殊模糊

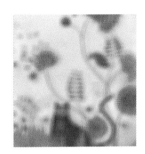

图 8.41 形状模糊

8.7 【扭曲】滤镜组

该滤镜组对图像进行几何变化，以创建三维或其他变换效果。

【波浪】：产生多种波动效果。该滤镜包括 Sine(正弦波)、Triangle(锯齿波)或 Square(方波)3 种波动类型，如图 8.42 所示。

【波纹】：在图像中创建起伏图案，模拟水池表面的波纹，如图 8.43 所示。

【玻璃】：使图像好像透过不同种类的玻璃观看的。应用此图案可以创建玻璃表面，如图 8.44 所示。

图 8.42 波浪

图 8.43 波纹

图 8.44 玻璃

【海洋波纹】：为图像表面增加随机间隔的波纹，使图像看起来好像在水面上，如图 8.45 所示。

【极坐标】：将图像从直角坐标转换成极坐标，反之亦然，如图 8.46 所示。

【挤压】：挤压选区，如图 8.47 所示。

图 8.45　海洋波纹　　　　　　　　图 8.46　极坐标　　　　　　　　图 8.47　挤压

【扩散亮光】：渲染图像产生柔和散射的效果，如图 8.48 所示。

【切变】：沿曲线扭曲图像，如图 8.49 所示。

图 8.48　扩散亮光　　　　　　　　图 8.49　切变

【球面化】：将图像产生扭曲并伸展在球体上的效果，如图 8.50 所示。

【水波】：径向的扭曲图像，产生径向扩散的圈状波纹，如图 8.51 所示。

【旋转扭曲】：将图像中心产生旋转效果，如图 8.52 所示。

图 8.50　球面化　　　　　　　　图 8.51　水波　　　　　　　　图 8.52　旋转扭曲

8.8　【锐化】滤镜组

通过增加相邻像素的对比度而使模糊的图像清晰。

【USM 锐化】：调整边缘细节的对比度，并在边缘的每侧制作一条更亮或更暗的线，以强调边缘，产生更清晰的图像幻觉，如图 8.53 所示。

图 8.53   USM 锐化

8.9   【素描】滤镜组

给图像增加各种艺术效果的纹理，产生素描，速写等艺术效果，也可以制作三维背景。

【半调图案】：可以模拟网目调的效果，并保持色调的连续范围，如图 8.54 所示。

【便条纸】：用以简化图像，产生凹陷的压印效果，如图 8.55 所示。

【粉笔和炭笔】：可以将图像用粗糙的粉笔绘制纯中间调的灰色图像。暗调区用黑色对角碳笔线替换。绘制的碳笔为前景色，绘制的粉笔为背景色，如图 8.56 所示。

【铬黄】：是图像产生磨光铬表面的效果。在反射表面中，高光为亮点，暗调为暗点，如图 8.57 所示。

图 8.54   半调图案   图 8.55   便条纸   图 8.56   粉笔和炭笔

【绘图笔】：可以使用精细的直线、油墨线条来描绘原图像中的细节以产生素描效果，如图 8.58 所示。

【基底凸现】：可以是图像变为具有浅浮雕效果的图像。图像的较暗区使用前景色，较亮的颜色使用背景色，如图 8.59 所示。

图 8.57 铬黄

图 8.58 绘图笔

图 8.59 基底凸现

【石膏效果】：将图像产生立体石膏压模效果，并用前景色和背景色为图像上色。较暗区升高，较亮区下陷，如图 8.60 所示。

【水彩画纸】：产生潮湿的纤维纸上绘画的效果，使颜色溢出和混合，如图 8.61 所示。

【撕边】：使图像产生撕裂的效果，并使前景色和背景色为图像上色，如图 8.62 所示。

图 8.60 石膏效果

图 8.61 水彩画纸

图 8.62 撕边

【炭笔】：将图像中主要的边缘用粗线绘画，中间调用对角线条素描，产生海报画的效果，如图 8.63 所示。

【炭精笔】：可用来模拟炭精笔的纹理效果。在暗部使用前景色，在亮部使用背景色进行替换，如图 8.64 所示。

【图章】：用以简化图像产生图章效果，如图 8.65 所示。

图 8.63 炭笔

图 8.64 炭精笔

图 8.65 图章

【网状】：可以模拟胶片感光乳剂的受控收缩和扭曲，使图像的暗调区域结块，高光区域轻微颗粒花，如图 8.66 所示。

【影印】：可以模拟影印图像的效果，大范围的暗色区域主要复制其边缘和远离纯黑或纯白色的中间调，如图 8.67 所示。

图 8.66　网状

图 8.67　影印

8.10　【纹理】滤镜组

可以为图像添加具有深度感和材料感的纹理。

【龟裂缝】：可以沿着图像轮廓产生精细的裂纹网，如图 8.68 所示。

【颗粒】：可以模拟不同种类的颗粒来给图像增加纹理，如图 8.69 所示。

【马赛克拼贴】：将图像分裂为具有缝隙的小块，如图 8.70 所示。

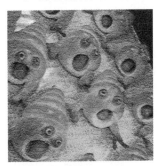

图 8.68　龟裂缝

图 8.69　颗粒

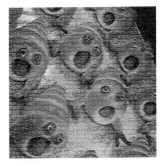

图 8.70　马赛克拼贴

【拼缀图】：可以将图像拆分为整齐排列的方块，用图像中该区域的最显著颜色填充，如图 8.71 所示。

【染色玻璃】：将图像重绘为以前景色勾画的单色相邻单元格，如图 8.72 所示。

【纹理化】：可以在图像上应用用户选择或创建的纹理，如图 8.73 所示。

 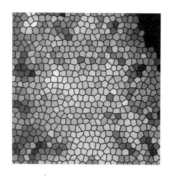 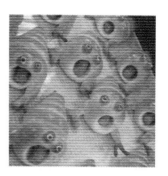

图 8.71　拼缀图　　　　　图 8.72　染色玻璃　　　　　图 8.73　纹理化

8.11　【像素化】滤镜组

将指定单元格中相似颜色值结块并平面化。

【彩块化】：将纯色或相似颜色的像素结块为彩色像素块。使用该滤镜可以使图像看起来像是手绘的，如图 8.74 所示

【彩色半调】：在图像的每个通道上模拟使用扩大的半调网屏的效果，如图 8.75 所示。

【点状化】：将图像中的颜色分散为随机分布的网点，如图 8.76 所示。

  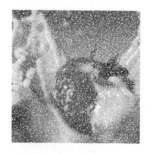

图 8.74　彩块化　　　　　图 8.75　彩色半调　　　　　图 8.76　点状化

【晶格化】：将像素结块为纯色多边形，如图 8.77 所示。

【马赛克】：将像素结块为方块，每个方块内的像素颜色相同，如图 8.78 所示。

【碎片】：将图像中像素创建 4 份备份，然后平均再使它们互相偏移，如图 8.79 所示。

【铜版雕刻】：将灰度图像转换为黑白区域的随机图案，将彩色图像转换为全饱和颜色随机图案，如图 8.80 所示。

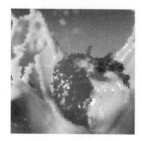   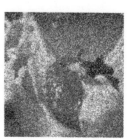

图 8.77　晶格化　　　　图 8.78　马赛克　　　　图 8.79　碎片　　　　图 8.80　铜板雕刻

8.12 【渲染】滤镜组

在图像中创建三维图形、云彩图案、折射图案和模拟光线反射。

【云彩】: 使用前景色和背景色随机产生柔和的云彩图案, 如图 8.81 所示。

【分层云彩】: 与云彩效果滤镜大致相同。但多次应用该滤镜可以创建与大理石花纹相似的横纹和脉络图案, 如图 8.82 所示。

【光照效果】: 是一个强大的灯光效果制作滤镜, 光照效果包括 17 种光照样式、3 种光照类型和 4 套光照属性, 可以在 Photoshop CS5 RGB 图像上产生无数种光照效果, 还可以使用灰度文件的纹理(称为凹凸图)产生类似 3D 效果, 如图 8.83 所示。

 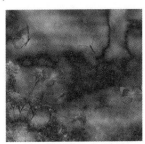 

图 8.81　云彩　　　　　　　图 8.82　分层云彩　　　　　　图 8.83　光照效果

【镜头光晕】: 可以模拟亮光照在相机镜头所产生的折射, 如图 8.84 所示。

【纤维】: 使用灰度文件或文件的一部分填充选区, 如图 8.85 所示。

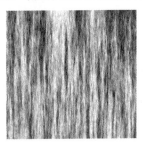 

图 8.84　镜头光晕　　　　　　　　　　　图 8.85　纤维

8.13 【艺术效果】滤镜组

模拟多种现实世界的艺术手法, 制作精美的艺术绘画效果。

【壁画】: 用短的、圆的和潦草的斑点绘制风格粗犷的图像, 如图 8.86 所示。

【彩色铅笔】: 使用彩色铅笔在纯色背景上绘制图像。该滤镜可以保持原图像上重要的边缘并添加粗糙的阴影线。利用该滤镜可以模拟制作羊皮纸效果, 如图 8.87 所示。

【粗糙蜡笔】: 产生薄薄的浮雕效果, 并且使用彩色粉笔在浮雕背景上描绘彩色图像, 如图 8.88 所示。

【底纹效果】：在纹理背景上绘制图像，然后在它上面绘制最终图像，如图 8.89 所示。

图 8.86 壁画　　　　图 8.87 彩色铅笔　　　图 8.88 粗糙蜡笔　　　图 8.89 底纹效果

【调色刀】：与云彩滤镜大致相同。但多次运用该滤镜可以创建和大理石花纹相似的横纹和脉纹图案，如图 8.90 所示。

【干画笔】：减少图案中复杂的颜色，并将替换成常用的颜色。应用该滤镜后图像显得干涩，介于油画和水彩画之间，如图 8.91 所示。

【海报边缘】：减少图像中颜色的数目，并将图案的边缘以黑线描绘。应用该滤镜后，图像将出现大范围的阴影区域，如图 8.92 所示。

【海绵】：创建对比颜色的强纹理图像，显得用海绵画过，如图 8.93 所示。

图 8.90 调色刀　　　　图 8.91 干画笔　　　图 8.92 海报边缘　　　图 8.93 海绵

【绘画涂抹】：把图像分为几个颜色区后锐化图像，产生一种涂抹过的图像效果，如图 8.94 所示。

【胶片颗粒】：在图像的暗调和中间调部分运用均匀的图案。可以使图像较亮的区域更平滑、更饱和。该滤镜对于消除混合中的色带及在视觉上统一不同来源的像素非常重要，如图 8.95 所示。

【木刻】：将图像变为高对比度的图像，使图像像一幅彩色剪影图，如图 8.96 所示。

【霓虹灯光】：给图像添加不同类型的发光效果，使图像产生柔和的外观，也可以给图像重新着色，如图 8.97 所示。

【水彩】：简化图像中的细节，模拟绘制水彩画风格的图像，如图 8.98 所示。

【塑料包装】：使图像产生闪亮的塑料包装效果，如图 8.99 所示。

【涂抹棒】：使用短的对角线涂抹图像中较暗的区域来柔和图像。图像中较亮的区域更亮并丢失细节，如图 8.100 所示。

图 8.94　绘画涂抹

图 8.95　胶片颗粒

图 8.96　木刻

图 8.97　霓虹灯光

图 8.98　水彩

图 8.99　塑料包装

图 8.100　涂抹棒

8.14　【杂色】滤镜组

添加或去掉图像中的杂色，可以创建不同寻常的纹理或去掉图像中有缺陷的区域。

【减少杂色】：改变图像中的一些像素，达到减少一些色彩的作用。

【蒙尘与划痕】：通过改变不同的像素来减少杂色。

【去斑】：模糊图像中除边缘外的区域，这种模糊可以去掉图像中的杂色同时保留细节。

【添加杂色】：在图像上添加随机像素点，模仿高速胶片上捕捉画面的效果。

【中间值】：通过混合选区内像素的亮度来减少图像中的杂色。该滤镜对于消除或减少图像的动感效果非常有用。也可以用于去除有划痕的扫描图像中的划痕。

8.15　【其他】滤镜组

【高反差保留】：可以在图像中颜色明显的过渡处，保留指定半径内的边缘细节，并隐藏图像的其他部分。该滤镜可以去掉图像中低频率的细节，与"Gawssian Bler"滤镜效果相反，如图 8.101 所示。

【位移】：该滤镜可以将图像垂直或水平移动一定数量，在选取的原位置保留空白，如图 8.102 所示。

【最大值】：具有收缩的效果，可以向外扩展白色区域，收缩黑色区域。【最大值】滤镜查看图像中的单个像素。在指定半径内，【最大值】滤镜用周围像素中最大的亮度值替换当前像素的亮度值，如图 8.103 所示。

【最小值】：具有收缩的效果，可以向外扩展白色区域，收缩黑色区域。【最大值】滤镜查看图像中的单个像素。在指定半径内，【最大值】滤镜用周围像素中最大的亮度值替换当前像素的亮度值，如图 8.104 所示。

图 8.101 高反差保留　　　　图 8.102 位移　　　　图 8.103 最大值　　　　图 8.104 最小值

8.16 外挂滤镜

由于 Photoshop 是一种使用广泛的图像处理软件，因此，众多的公司及图像处理爱好者为其开发了多种效果的外挂滤镜。这些滤镜极大地丰富了 Photoshop 的使用方式，以其简单易用的方式缩短了图像的制作周期。

一类是简单的未带安装程序的滤镜，扩展名为.8BF；另一类是相对复杂且带有安装程序的滤镜。尽管这些滤镜种类繁多，但其安装方法却是一样的，都需要安装到 Photoshop 默认路径："Adobe\Adobe Photoshop CS3\增效工具"中。

启动 Photoshop 后，这些安装的外挂滤镜将出现在【滤镜】菜单中，用户可以像使用内置滤镜那样使用它们。当前使用范围较广的是 KPT 系列滤镜和 Eye's Candy 滤镜等。它们都具有直观的预览界面及简单的操作方式，主要以英文版本为主。

8.17 本 章 小 结

本章主要通过"内置滤镜组效果以及参数设定""外挂滤镜的介绍"使读者熟悉滤镜组的相关运用方法和效果，通过"液化滤镜的人像修复"以及"消失点滤镜给箱子添加花纹"案例介绍了 Photoshop 中滤镜组的实际应用。通过本章的学习，读者可以熟练掌握各滤镜组的参数设定，能够灵活运用滤镜组进行相关的图像处理，制作滤镜特效。

8.18 思考与练习

一、选择题

1. _____滤镜可用于 16 位图像。

    A. 高斯模糊   B. 水彩   C. 马赛克   D. USM 锐化

2. _____滤镜只对 RGB 起作用。

    A. 马赛克   B. 光照效果   C. 波纹   D. 浮雕效果

3. 如果一张照片的扫描结果不够清晰,可用下列哪种滤镜弥补? _____

    A. 中间值   B. 风格化   C. USM 锐化   D. 去斑

4. _____滤镜可以减少渐变中的色带(色带是指渐变的颜色过渡不平滑,出现阶梯状)。

    A.【滤镜】|【杂色】   B.【滤镜】|【风格化】|【扩散】

    C.【滤镜】|【扭曲】|【置换】   D.【滤镜】|【锐化】|【USM 锐化】

5. 使用【云彩】滤镜时,在按住_____键的同时执行【滤镜】|【渲染】|【云彩】命令,可生成对比度更明显的云彩图案。

    A. Alt(Win)/ Option(Mac)

    B. Ctrl(Win)/ Command(Mac)

    C. Ctrl+Alt(Win)/ Command+Option(Mac)

    D. Shift

6. 执行【滤镜】|【纹理】|【纹理化】命令,弹出"纹理化"对话框,在【纹理】后面的弹出菜单中选择【载入纹理】命令可以载入和使用其他图像作为纹理效果,所有载入的纹理必须是_____格式。

    A. PSD   B. JPEG   C. BMP   D. TIFF

7. 下列关于滤镜的操作原则, _____是正确的。

    A. 滤镜不仅可用于当前可视图层,对隐藏的图层也有效

    B. 不能将滤镜应用于位图模式(Bitmap)或索引颜色(Index Color)的图像

    C. 有些滤镜只对 RGB 图像起作用

    D. 只有部分滤镜可用于 16 位通道图像

二、操作题

应用滤镜创建栅格边框效果。本操作主要应用"图层"面板、【描边】命令、【位移】滤镜、【高斯模糊】及【光照效果】滤镜以及"通道"面板等知识,轻松完成栅格边框效果的制作。其素材及效果如图 8.105 所示。

图 8.105　栅格边框素材及效果图

操作步骤如下。

(1) 打开本章素材文件夹中名为"栅格边框.jpg"的图像文件。

(2) 按 Ctrl+A 键将整个画布载入选区，按 D 键将前景色和背景色设为默认的黑色和白色。

(3) 在"图层"面板中新建一个图层"图层 1"。

(4) 执行【编辑】|【描边】命令，打开"描边"对话框，设置描边宽度为 4，位置为"内部"。

(5) 单击【确定】按钮，这时图像的四周出现一个黑色的边框。

(6) 在"图层"面板中，将"图层 1"复制为"图层 1 副本"。

(7) 确定"图层 1 副本"图层是当前的编辑图层，执行【滤镜】|【其他】|【位移】命令，打开"位移"对话框，设置水平、垂直位移分别为 20 像素，然后单击【确定】按钮。

(8) 按照与步骤(6)相同的方法，复制"图层 1 副本"为"图层 1 副本 2"图层。按 Ctrl+F 组合键重复使用位移滤镜。

(9) 连续按两次 Ctrl+E 键向下合并图层，将"图层 1"和它的两个复制图层合并成一个图层 1。

(10) 按照与步骤(6)相同的方法，复制"图层 1"为"图层 1 副本"图层。

(11) 执行【编辑】|【变换】|【旋转 180 度】命令，将"图层 1 副本"图层旋转 180°。

(12) 按 Ctrl+E 键向下合并图层，将"图层 1"与"图层 1 副本"图层合并成图层 1。

(13) 按住 Ctrl 键，单击"图层"面板中的"图层 1"图层，将图层载入选区。

(14) 执行【选择】|【存储选区】命令，在打开的"存储选区"对话框中保持默认设置不变。

(15) 打开【通道】面板，选择 Alpha 1 通道，执行【滤镜】|【模糊】|【高斯模糊】命令，打开"高斯模糊"对话框，设定模糊半径为 5 像素，然后单击【确定】按钮。

(16) 按 Ctrl+D 键取消选区，按 Ctrl+～键回到 RGB 主通道。

(17) 在"图层"面板中，单击图层 1 左边的眼睛图标，让这个眼睛处于不显示状态，这样"图层 1"就隐藏了。

(18) 选取背景图层为当前的编辑图层。执行【滤镜】|【渲染】|【光照效果】命令，打开"光照效果"对话框，设定样式为"向下交叉光"；光照类型为"点光"；纹理通道为 Alpha 1；其他设置保持原有的默认值不变。

第9章 批处理与 Web 图像设计

教学目标

通过本章的学习，熟练掌握图像自动化处理，Web 设计的方式、方法，从切片、翻转，到优化图像、动画制作，深入了解 Photoshop 在网页设计中的作用，并能够利用其强大的绘画功能，配合切片设计，制作出精美的网页模板。

知识目的：学习 Photoshop CS5 批处理与 Web 图像设计基本使用方法。

能力目的：熟练掌握并灵活运用 Photoshop CS5 的切片，优化图像，动画制作等工具的使用。

重点难点

切片工具的使用与图像的保存。

动画制作原理的原理和运用。

教学要求

知识要点	能力要求	关联知识
图像自动化处理	(1) 动作的使用； (2) 快速创建电子相册	利用【动作】命令批处理图像
Web 图像制作	(1) 切片工具的使用； (2) Web 图像格式； (3) Web 图像的制作和保存	切片工具、切片编辑工具 存储为 Web 所用格式
动画的制作	(1) 动画的制作原理； (2) 动画的制作方法	【动画】面板、帧等

9.1　图像自动化处理概述

Photoshop CS5 中的图形工具简化了大多数 Web 设计任务，用户可以使用文本、绘图和绘画工具向版面中添加内容，可以设计和制作在 Web 上使用的静态或动态的图像，还可以使用切片工具将页面版式或复杂图形划分为多个区域，并指定独立的压缩设置(从而获得较小的文件大小)，可以将图像分为切片、超级链接和 HTML 文字、优化切片并将图像存储为一个 Web 页面。

用户可以使用"动画"面板结合切片组、嵌套表、百分比宽度表以及远程翻转(将鼠标移到某幅图像上时，另一幅图像发生变化)来创建简单的 Web 动画，逐帧确定动画的外观。

9.2　自动化制作反冲效果

 案例说明

如果使用 Photoshop 软件逐个对图像文件进行调整，不仅工作量大而且标准也很难统一。为了解决此问题，Photoshop 提供了一个动作命令。运用该命令可以使同一处理自动化，从而批量处理大量的图片文档，大大提高了工作效率。本案例就利用动作命令录制一张照片处理为反冲效果的动作，并利用该动作进行大量其他照片的处理，效果如图 9.1 所示。

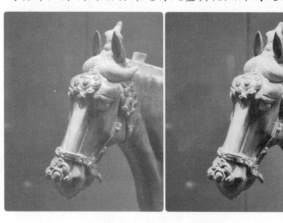

图 9.1　图片反冲效果图

9.2.1　相关知识及注意事项

1. 批处理

批处理是将动作应用于所有的目标文件，可以通过批处理来完成大量相同的、重复性的操作，以节省时间，提高工作效率，并实现图像处理的自动化。

批处理是非常实用的功能，可以使用它批量处理照片，如调整照片的大小和分辨率，或者对照片进行锐化、模糊等处理。

注意：在进行批处理前，首先应该讲需要批处理的文件保存到一个文件夹中，然后在"动作"面板中录制动作，最后将执行完动作的文件保存到另一个单独的文件夹中。

2. 使用动作实现自动化

Photoshop 中，动作是快捷批处理的基础，是指在单个文件或一批文件上执行的一系列任务，如菜单命令、面板选项、工具动作等。例如，可以创建这样一个动作，首先更改图像大小，对图像应用效果，然后按照所需格式存储文件。

动作是以组的形式存储和管理动作，用户可以先创建一个动作组，然后再分别创建不同的动作，这样可以方便用户记录、编辑、自定和批处理动作。

3. "动作"面板

"动作"面板用于创建、播放、修改和删除动作，如图 9.2 所示。Photoshop 预设的一些动作以帮助读者快速执行常见任务。如果有特殊的需求，读者也根据自己的需要来创建新动作，下面介绍"动作"面板。

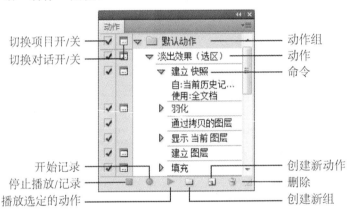

图 9.2 "动作"面板

切换项目开/关：动作组或者动作执行与否的开关。

切换对话开/关：动作组或者动作暂停或者开始的开关。如果动作组和动作前出现该符号，并显示为红色，则表示该动作中有部分命令设置了暂停。

动作组/动作/命令：动作组是一系列动作的集合，动作是一系列操作命令的集合。单击命令前的按钮可以展开命令列表，显示命令的具体参数。

停止播放/记录：用来停止播放动作和停止记录动作。

开始记录：单击该按钮，可录制动作。

播放选定的动作：选择一个动作后，单击该按钮可播放该动作。

创建新组：可创建一个新的动作组，以保存新建的动作。

创建新动作：单击该按钮，可创建一个新的动作。

删除：选择动作组、动作和命令后，单击该按钮，可将其删除。

9.2.2　操作步骤

1．制作自己需要的动作命令

(1) 打开素材文件。打开第九章素材文件夹中的一个名为"琉璃马.jpg"的图像文件。

(2) 新建一个动作组。执行【窗口】|【动作】命令，打开"动作"面板，单击【创建新组】按钮，打开"新建组"对话框，输入动作组的名称：图片反冲，如图 9.3 所示。单击【确定】按钮。

(3) 新建一个动作。单击【创建新动作】按钮，打开"动作选项"对话框，输入动作名称为"曲线调整"，将颜色设置为蓝色，如图 9.4 所示，单击【记录】按钮，开始录制动作，与此同时面板中的【开始记录】按钮●会变成红色。

　　图 9.3　"新建组"对话框　　　　　　　　图 9.4　"动作选项"对话框

(4) 按 Ctrl+M 键，打开"曲线"对话框，在【预设】下拉列表中选择"反冲 RGB"，如图 9.5 所示。单击【确定】按钮关闭对话框，将该命令记录为动作，如图 9.6 所示。

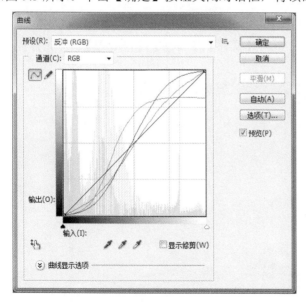

　　　　图 9.5　【曲线】对话框　　　　　　　　　图 9.6　记录动作

(5) 执行【文件】|【存储为】命令(快捷键 Shift+Ctrl+S)，将修改好的文件存储到指定的文件夹下，将该命令也会被记录为动作。

注：在保存图像的时候如果想每次保存都重新输入图像名称，可以在【存储】命令前面单击【切换项目开/关】▣，这样动作每次执行到这个命令的时候，就会自动打开"存储图像"对话框，用户可以手动的输入想要保存的文件名称。

(6) 单击"动作"面板中的【停止播放/记录】按钮▣，完成动作的录制，效果如图 9.7 所示。

图 9.7 动作录制完成

注：在"新建动作"对话框中将动作设置为蓝色，因此，按钮模式下新建的动作便会显示为蓝色，为动作设置颜色只是便于在按钮模式下区分动作，并没有其他用途。

2. 使用批处理命令，达到一步到位的效果

(1) 使用录制的动作处理其他图像。执行【文件】|【自动】|【批处理】命令，打开"批处理"对话框，如图 9.8 所示。

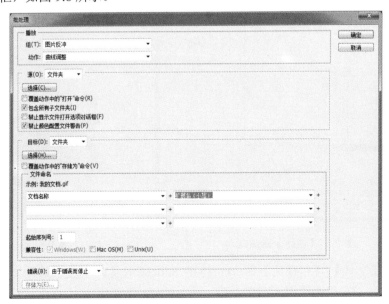

图 9.8 "批处理"对话框

　　(2) 在【源】下拉菜单中选择【文件夹】选项，单击【选择】按钮，在弹出的对话框中选择待处理的图片所在的文件夹，单击【确定】按钮。选中【包含所有子文件夹】和【禁止颜色配置警告】这两个复选框。

　　(3) 在【目的】下拉菜单中选择【文件夹】选项，单击【选择】按钮，在弹出的对话框中选择准备放置处理好的图片的文件夹，单击【确定】按钮。

　　(4) 在【文件命名】的第一个框的下拉菜单中选择【1 位数序号】选项，在第二个框的下拉菜单中选择【扩展名(小写)】选项。

　　(5) 在【错误】下拉菜单中选择【将错误记录到文件】选项，单击【另存为】按钮选择一个文件夹。批处理若中途出了问题，计算机会忠实地记录错误的细节，并以记事本的形式存于选好的文件夹中。

9.3　Web 图像制作

相关知识点及注意事项

　　切片是根据图层、参考线、精确选择区域或用切片工具 ，创建的一块矩形图像区域，利用 Photoshop 可以使用切片工具将图像分割成许多功能区域。在存储网页图像和 HTML 文件时，每个切片都会作为独立文件存储，具有其自己的设置和颜色面板，并且在关联的 Web 页中会保留所创建的正确的链接、翻转效果以及动画效果。

　　1. 制作切片

　　(1) 选择工具箱中的切片工具 ，图像的左上角会显示一个【自动切片 01】标志。在选项栏的【样式】下拉菜单中选择样式类型，切片有以下 3 种样式。

　　正常： 在拖移时确定切片比例。

　　固定长宽比： 设置长宽比。输入整数或小数作为长宽比。例如，若要创建一个宽度是高度两倍的切片，可输入宽度 2 和高度 1。

　　固定大小： 指定切片的高度和宽度，输入整数像素值。

　　(2) 使用切片工具 从图像的左上角向右下角拖动，拖出一个矩形边框，就可以生成一个编号为 02 的自动切片(在切片左上角显示灰色数字)，同样的方法可以创建新的用户切片，而且每创建一次切片，切片编码会自动更新，如图 9.9 所示。

　　2. 编辑切片

　　在工具箱中选择切片选取工具 ，在所需编辑的切片上双击，打开"切片选项"对话框，如图 9.10 所示。

　　切片类型： 选择【图像】选项，表示当前切片在网页中显示为图像；也可以选择【无图像】选项，使切片包含 HTML 和文本。

　　URL： 设置在网页中单击用户切片可链接至的网络地址。

　　目标： 在网页中单击用户切片时，在网络浏览器中弹出一个新窗口，以打开链接网页，否则网络浏览器在当前窗口中打开链接网页。

信息文本： 其中的内容是在网络浏览器中将鼠标移动至该切片时，出现在浏览器状态栏中的文字。

Alt 标记： 在网络浏览器中，将鼠标移至该切片时弹出的提示内容。

尺寸： X、Y 值为用户切片坐标；W、H 值为用户切片的宽度和高度。

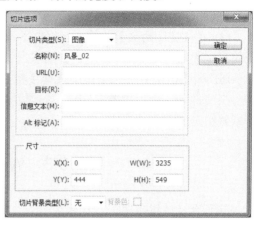

图 9.9　制作切片　　　　　　　　图 9.10　【切片选项】对话框

3. 优化与保存切片

(1) 按住 Shift 键的同时选中图像中的所有切片，执行【文件】|【存储为 Web 及设备所用格式】命令，弹出"存储为 Web 及设备所用格式"对话框，如图 9.11 所示。

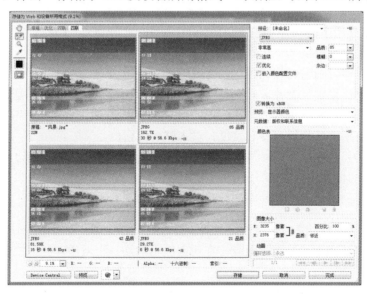

图 9.11　"存储为 Web 及设备所用格式"对话框

注：创建切片后，需要对图像进行优化，以减小文件的大小。在 Web 上发布图像时，较小的文件可以使 Web 服务器更加高效地存储和传输图像，用户则能够更快捷地下载图像。

【显示选项】：显示图像优化结果，用户通过对比可以选择出最佳的优化方案。

原稿：用来查看未优化的图像。

优化：对话框中显示优化后的图像效果。

双联：对话框分为两个窗口，分别展示原始图像和优化后的图像效果。

四联：对话框分为 4 个窗口，分别展示原始图像和 3 种优化后的图像效果。

抓手工具：使用抓手工具可以移动查看图像。

切片选择工具：当图像包含多个切片时，可使用该工具选择窗口中的切片，以便对其进行优化。

缩放工具：使用缩放工具单击可以放大图像的显示比例，按住 Alt 键单击则缩小显示比例，也可以在缩放文本框中输入显示百分比。

吸管工具：使用吸管工具在图像中单击，可以拾取单击点的颜色，并显示在吸管颜色图标中。

【切换切片可视性】：单击该按钮可以显示或隐藏切片的定界框。

【颜色表】：将图像优化为 GIF、PNG-8 和 WBMP 格式时，可在【颜色表】中对图像颜色进行优化设置。

【图像大小】：将图像大小调整为指定的像素尺寸或原稿大小的百分比。

(2) 选择不同的切片，在右侧的格式选择对话框中选择适当的格式。不同的格式类型，对应的属性有所不同，第 1 章中已经对格式类型做过叙述，这里就不再做讲解。

4．保存切片

设置好切片的格式以及属性，对切片进行优化后，接下来是对相应的切片进行存储，具体方法如下。

(1) 选择优化后的全部切片，单击对话框右下角的【存储】按钮，打开"将优化结果存储为"对话框，选择要保存切片的文件夹，在文件名中输入想要保存切片的名称，如图 9.12 所示。

图 9.12　"将优化结果存储为"对话框

在【保存类型】选项后面的下拉列表中选择保存类型。

HTML 和图像：所有的切片图像文件保存并同时生成一个 ".html" 的网页文件。

仅限图像：只会把所有的切片图像文件保存，而不生成网页文件。

仅限 HTML：保存一个 ".html" 网页文件，而不保存切片图像。

在【切片】选项后面的下拉列表中选择【所有切片】。

(2) 设定完成后，单击【保存】按钮。打开刚刚保存切片的文件夹，可看到生成切片图像文件。

9.4 动画的制作

 案例说明

动画就是在一段时间内显示的一系列图像或帧。每一帧较前一帧都有轻微的变化，当连续、快速地显示这些帧时，人眼就会产生运动的错觉。本案例利于 Photoshop 的图层建立不同的帧，然后再利用"动画(帧)"面板制作倒计时动画，如图 9.13 所示

图 9.13 完成案例操作

9.4.1 相关知识及注意事项

"动画(帧)"面板

动画的制作都在"动画(帧)"面板上完成，所以了解"动画(帧)"面板是制作动画的前提。

执行【窗口】|【动画】命令，打开"动画(帧)"面板，如图 9.14 所示，如果面板为时间轴模式，可单击【帧模式】按钮，"动画(帧)"面板会显示动画中的每个帧的缩览图，使用面板底部的工具可浏览各个帧，设置循环选项，添加和删除帧以及预览动画。

当前帧：当前选择的帧。

帧延迟时间：设置帧在回放过程中的持续时间。

注意：帧延迟时间表示在动画过程中该帧显示的时长。比如某帧的延迟设为 2 秒，那么当播放到这个帧的时候会停留 2 秒钟后才继续播放下一帧。延迟默认为 0 秒。每个帧都可以独立设定延迟。设定帧延迟的方法就是单击帧下方的时间处，在弹出的列表中选择相应的时间即可。也可以在选择多个帧后统一修改延迟，先在动画面板中单击第 1 帧将其选择，然后按住 Shift 键单击第 9 帧，就选择了第 1 至第 9 帧。然后在其中任意一帧的时间区进行设定即可。

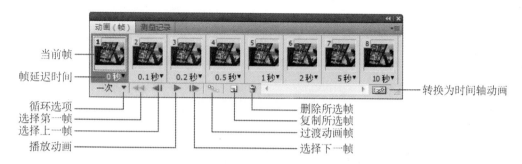

图 9.14　"动画(帧)"面板

循环选项：设置动画在作为动画 GIF 文件导出时的播放次数。

选择第一帧：单击该按钮，可自动选择序列中的第一个帧作为当前帧。

选择上一帧：单击该按钮，可选择当前帧的前一帧。

播放动画：单击该按钮，可在窗口中播放动画，再次单击则停止播放。

复制所选帧：单击该按钮，可将前一帧的内容复制到添加的帧上。

删除所选帧：单击该按钮，可删除所选择的帧。

选择下一帧：单击该按钮，可选择当前帧的下一帧。

过渡动画帧：单击该按钮可在两个现有帧之间添加一系列帧，并让新帧之间的图层属性均匀变化。选择一个帧，单击【过渡动画帧】按钮，弹出"过渡"对话框，如图 9.15 所示，在该对话框中填写需要添加的帧数，数值越大，动画越连贯，单击【确定】按钮，即可在当前帧的前面添加上相应数量的过渡帧。

9.4.2　操作步骤

(1) 新建一个名称为"倒计时动画"，宽度和高度为 200mm×200mm，分辨率 72dpi，背景色为白色的图像文件。

(2) 创建一个新图层命名为"圆环"，选择工具箱中的椭圆工具，按住 Shift 键在图像中拖动，画出两个大小不同的圆形，选择路径选择工具，将两个圆同时选择，单击工具箱中的【水平居中】按钮和【垂直居中】按钮，将两个圆形的中心对齐。再单击选项栏中的【重叠形状区域除外】，然后单击【组合】按钮，效果如图 9.16 所示。

图 9.15　"过渡"对话框

(3) 将前景色设置为红色，使用路径选择工具在圆环上右击，在弹出的快捷菜单中选择【填充路径】命令，使用前景色填充圆环图形。

(4) 选择工具箱中的文字工具 T，在图像中点击输入数字"5"并将其放置在圆环中心位置，如图9.17所示。

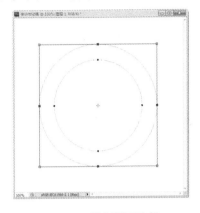

图9.16　绘制圆环路径

图9.17　圆环中输入文字

(5) 打开"动画"面板，可以看到上面显示了图层的缩略图，如图9.18所示。

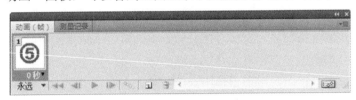

图9.18　"动画(帧)"面板

(6) 在【动画】面板中单击【复制所选帧】按钮 ，复制第一帧的图像，选择"图层"面板，将文字"5"图层隐藏，再将该图层拖动到【创建新图层】 中复制一图层，显示图层，利用文字工具将数字修改为"4"，如图9.19所示。

(7) 同样的方法在"动画(帧)"面板中完成其余数字的变化，"动画(帧)"面板如图9.20所示。

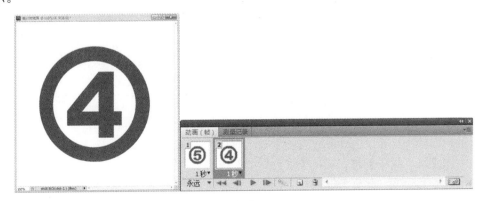

图9.19　修改文字

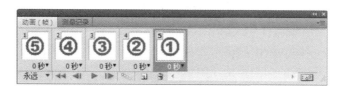

图 9.20　动画帧面板复制所选帧

(8) 单击第 1 帧将其选中，然后按住 Shift 键再单击第 5 帧，将动画帧全部选择，将第一帧的【帧延迟时间】调整为 "1 秒"，发现所有帧的动画播放时间都调整为了 1 秒，如图 9.21 所示，单击【播放】按钮▶播放动画，观察动画效果。

图 9.21　调整帧延迟时间

(9) 执行【文件】|【存储为 Web 和设备所用格式】命令，打开 "存储为 Web 和设备所用格式" 对话框，如图 9.22 所示，在预设选择【GIF128 仿色】，单击【存储】按钮，不用理会 "Adobe 存储为 Web 和设备所用格式警告"，选择存储区域，完成倒计时动画的制作。

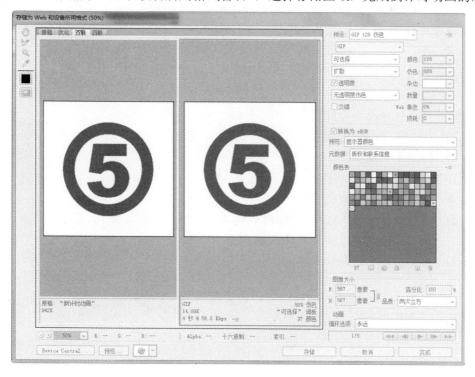

图 9.22　"存储为 web 和设备所用格式" 对话框

9.5 本 章 小 结

本章详细介绍了 Photoshop CS5 在网页设计上的应用，以及相关工具和命令的使用；然后详细介绍了关于切片的切割使用及编辑，优化图像，输出 Web 网页格式文件等内容，并结合 Photoshop CS5 绘图工具、选区、图层等相关知识点，制作网页模板，再进行切片及 Web 格式优化输出，同时也介绍了关于 Web 照片画廊的知识及制作方法等。

通过本章内容的学习，读者能够了解 Photoshop 有关网页设计的内容，熟练应用多种相关工具、命令，完成精美、艺术的网页设计。

9.6 思考与练习

一、选择题

1. 当使用 JPEG 作为优化图像的格式时，_____。
   - A．JPEG 虽然不能支持动画，但比其他的优化文件格式(GIF 和 PNG)所产生的文件一定小
   - B．当图像颜色数量限制在 256 色以下时，JPEG 文件总比 GIF 的大一些
   - C．图像质量百分比值越高，文件尺寸越大
   - D．图像质量百分比值越高，文件尺寸越小

2．在制作网页时，如果文件中有大面积相同的颜色，最好存储为_____格式。
   - A．GIF
   - B．EPS
   - C．JPEG
   - D．TIFF

3．在"切片"对话框中，_____。
   - A．使用无图像形式可在切片割图位置上添加 HTML 文本
   - B．可以任意将切片位置设为图像形式或无图像形式
   - C．进行多个裁切后，所有的切片要么全部是图像形式，要么全部是无图像形式
   - D．以上都不对

4．如果一幅图像制作了滚动效果，则_____。
   - A．只需将该图像优化存储为 GIF 格式即可保持所有效果
   - B．只需将该图像优化存储为 JPEG 格式即可保持所有效果
   - C．需要将该图像存储为 HTML 格式
   - D．存储为以上任意格式均可

二、思考题

1．在创建 GIF 动画时，插入关键帧是否会改变帧延迟？
2．什么是切片？用切片工具能够做什么？
3．练习切片工具的使用并在一幅图像中用切片工具创建各种链接。
4．Web 照片画廊共有几种创建样式？分别是怎样的效果？

第**10**章
综合案例实训

教学目标

本章包含四个大型综合案例，分别是人物鼠绘、海报制作、包装效果图、工业产品鼠绘。通过这四个案例的详细介绍，使学生不仅对基本工具和命令的掌握得到了更好的巩固，同时，通过一些小技巧和方法的讲解，为学生在今后的工作中更熟练地使用 Photoshop 进行图像处理和绘制打下坚实的基础。

教学要求

知 识 要 点	能 力 要 求	关 联 知 识
人物鼠绘	可以熟练使用鼠标绘制逼真的人物图像	人物面部明暗关系的调整
海报制作	设计并制作不同类型的招贴海报	图像排版，色彩搭配
包装效果图	熟练绘制平面和立体包装图	透视关系，光影关系
工业产品绘制	熟练绘制逼真的工业产品图像	立体效果的表现

10.1 鼠 绘 人 物

 **案例说明**

路径工具在进行鼠标绘制人物时，能够突出细节，精确地进行绘制，并且能够配合路径的描边填充等操作来进行人物细节的描绘，再结合滤镜和涂抹工具等的应用来增加人物形象的真实感。本案例主要应用"路径工具""画笔工具""滤镜""涂抹"以及"减淡加深"工具，对人物的整体和细节描绘，来表现人物整体形象的逼真感。图像效果如图 10.1 所示。

图 10.1 鼠绘人物效果图

提示： 在进行鼠绘人物的时候需要注意，首先要进行脸部轮廓和头发的线稿绘制，这时要注意人物的实际比例关系，人物面部的"三庭五眼"的比例准则，同时要按照人物的骨骼结构来进行五官的表现，注意光线的影响，体现立体感和皮肤的质感。

操作步骤

1. 新建图像文件

新建一个大小为 15cm×20cm、分辨率为 300dpi、背景内容为白色、名称为"人物鼠绘"、颜色模式为 RGB 的图像文件。

2. 绘制人物轮廓路径

(1) 打开"路径"面板，单击路径面板下方的【创建新路径】按钮，创建一个新的工作路径。使用"钢笔工具"，在图像上绘制人物面部、头发及衣领外轮廓路径，如图 10.2 所示。

注意：使用"钢笔工具"绘制路径的时候，可以按住 Ctrl 键，将鼠标快速转换为直接选择工具 ，方便随时对节点进行调节。

(2) 分别新建头发、脸部及衣领图层组，并在不同的图层上，填充不同的颜色。

注意：创建图层组的目的是能够分部分有条理地进行不同器官的具体绘制，方便后期进行各器官的调整。

(3) 新建一个图层，命名为"人物背景"，选择画笔工具 ，在人物背景图层上进行绘制，为图像添加背景，如图 10.3 所示。

(4) 选择画笔工具 ，前景色设置为比皮肤稍微深的颜色，在人物面部上绘制出暗调部分，以此增加面部立体感，效果如图 10.4 所示。

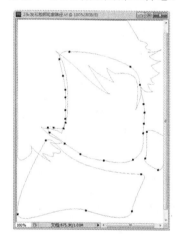 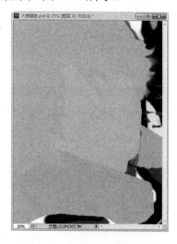 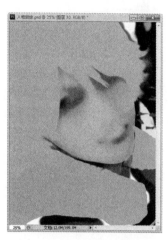

图 10.2　人物路径轮廓　　　图 10.3　背景及大色块填充　　　图 10.4　面部明暗效

3. 眉毛的绘制

(1) 单击"图层"面板的【创建图层组】图标 创建图层组命名为"眉毛"。使用画笔工具 进行眉毛的绘制，如图 10.5 所示。

(2) 选择绘制出的眉毛图层，执行【滤镜】|【杂色】|【添加杂色】命令。为眉毛图层添加杂色，效果如图 10.6 所示。

(3) 选择工具箱中的涂抹工具 ，对眉毛进行涂抹，如图 10.7 所示。

(4) 选择工具箱中的加深工具 ，对眉毛进行加深，如图 10.8 所示。加深的时候注意眉骨的结构，在有转折的地方进行适当的加深处理。

注意：选择涂抹工具或者加深工具进行图像处理时，首先在选项栏中设置画笔工具的强度或者曝光度稍微低一些，笔头的硬度和大小稍微小一些。

4. 右眼睛的绘制

(1) 单击"图层"面板中的【创建图层组】图标 ，创建图层组命名为"眼睛"。使用"钢笔工具" 进行眼睛轮廓的绘制，如图 10.9 所示。

(2) 对绘制好的眼睛轮廓路径利用【画笔工具】✐进行填充。注意填充的时候要区分上半部轮廓的色彩和下部的色彩，如图 10.10 所示。

图 10.5　添加眉毛　　　　　　图 10.6　添加杂色　　　　　　图 10.7　眉毛涂抹

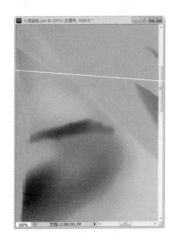  

图 10.8　眉毛加深　　　　　　图 10.9　眼睛轮廓路径　　　　　图 10.10　眼睛轮廓填充

(3) 选择工具箱中的画笔工具✐，进行双眼皮的绘制，如图 10.11 所示。

(4) 运用钢笔工具✍进行眼球轮廓的绘制。并且运用画笔工具进行眼白部分的绘制，绘制的过程中要以球体的方式来进行绘制，区分出明暗关系，并且运用画笔工具✐把包裹眼球的眼角部分的肌肉绘制出来，如图 10.12 所示。

(5) 在【眼睛图层组】里新建一个"虹膜"图层，选择椭圆选区工具◯绘制圆形选区，填充颜色#697982，(希望绘制什么颜色的眼睛就选择相应的颜色)，执行【滤镜】|【杂色】|【添加杂色】命令，制作眼睛的虹膜。

(6) 执行【滤镜】|【模糊】|【径向模糊】命令。并应用加深工具◉对执行径向模糊后的图片的选区边缘进行加深，增强立体感，如图 10.13 所示。

图 10.11　双眼皮线

图 10.12　眼球部分

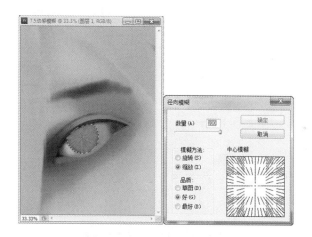

图 10.13　虹膜径向模糊

(7) 选择椭圆选区工具 ⬭ 绘制瞳孔和高光的选区，并进行填充#3A200A，高光白色进行填充，调整不透明度为 55%，如图 10.14 所示。

(8) 选择钢笔工具 ✎ 在贴近上眼轮廓处绘制一根弧线，并且用黑色进行路径的描边，如图 10.15 所示。

(9) 运用涂抹工具 ✑ 对黑色的描边进行涂抹。涂抹时注意要顺着睫毛生长的方向来涂，如图 10.16 所示。

(10) 同样的方法绘制下睫毛和左眼，如图 10.17 所示。

5．鼻子的绘制

(1) 运用钢笔工具 ✎ 绘制出鼻子的路径轮廓，并且按 Ctrl+Enter 键生成选区，选择画笔工具 ✑ 进行边缘轮廓的绘制。效果如图 10.18 所示。

(2) 同样选择画笔工具 ✑ 对鼻孔进行绘制，绘制的时候要注意鼻孔处的暗影变化，不能涂成全黑的，要有由深到浅的一个变化效果。效果如图 10.19 所示。

图 10.14　瞳孔和高光

图 10.15　上睫毛线

图 10.16　涂抹出上睫毛

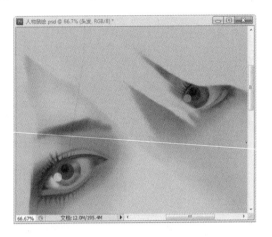

图 10.17　绘制下睫毛和左眼

图 10.18　绘制鼻子主体

图 10.19　绘制鼻孔

6. 嘴巴的绘制

(1) 选择工具箱中的钢笔工具绘制出上唇的路径轮廓，按 Ctrl+Enter 键生成选区，先填充颜色#B38685，用画笔工具进行上唇珠的绘制，突出立体效果，如图 10.20 所示。

(2) 运用同样的方法进行下唇的绘制，在下唇中央的部分用画笔工具进行高光的绘制，并且绘制出唇部的纹理，运用涂抹工具进行涂抹，使唇纹的效果更真实，如图 10.21 所示。

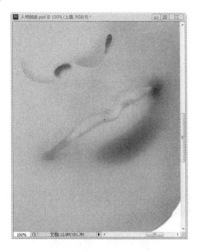

图 10.20　绘制上唇

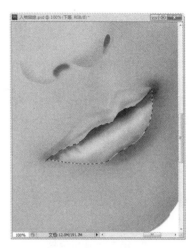

图 10.21　绘制下唇

7. 头发的细节绘制

(1) 选择头发图层，对之前填充完底色的头发，执行【滤镜】|【杂色】|【添加杂色】命令，如图 10.22 所示。

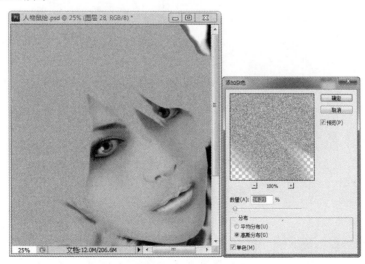

图 10.22　头发添加杂色

(2) 运用涂抹工具 对添加完杂色的头发进行涂抹。涂抹后运用加深工具 和减淡工具对头发进行明暗的修饰，使头发区分出受光面和背光面，产生光泽感和立体效果。如图 10.23 所示。

(3) 运用钢笔工具 绘制头发线条路径，工具箱中选择画笔工具 ，在画笔工具参数面板中设定参数，【笔触大小】为 4 像素，【间距】为 1%，形状动态【最小直径】为 20%，形状动态中的最小值可以调整线条两端的渐变程度，如图 10.24 所示。

图 10.23　头发涂抹

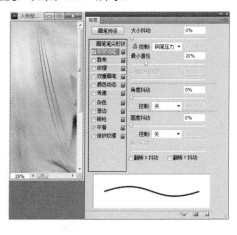

图 10.24　发丝绘制

(4) 重复步骤(3)并且调整笔触的粗细和方向，以及形状动态中的【最小直径】，产生更多的发丝，并且通过调整发丝的颜色来达到逼真的效果，如图 10.25 所示。

图 10.25　发丝整体效果

8. 毛领的细节绘制

对之前填充完底色的毛领，执行【滤镜】|【杂色】|【添加杂色】命令。选择涂抹工具 进行涂抹，涂的过程中要注意按照绒毛的不同方向来进行涂抹，涂好后用加深工具 进行花纹的区分，运用减淡工具进行花纹的提亮，产生真实的毛领纹理效果，如图 10.26 所示。

图 10.26　毛领效果

10.2　海 报 制 作

 案例说明

　　海报是一种信息传递的艺术，是一种大众化的宣传工具。海报又称招贴画，是贴在街头墙上，挂在橱窗里的大幅画作，以其醒目的画面吸引路人的注意。

　　本案例创意来源于代表声音的麦克，和充满梦幻感觉的人物图像，来制作一种视觉冲击力很强的图像效果。主要应用"滤镜""图像调整""图层混合模式"等知识点，结合海报设计的构图与色彩使用技巧进行总体的设计与制作。图像效果如图 10.27 所示。

图 10.27　咖啡包装设计效果图

10.2.1 海报设计要素

(1) 充分的视觉冲击力，可以通过图像和色彩来实现。

(2) 海报表达的内容精炼，抓住主要诉求点。

(3) 内容不可过多。

(4) 一般以图片为主，文案为辅。

(5) 主题字体醒目。

10.2.2 操作步骤

1. 打开素材图像文件

执行【文件】|【打开】命令，打开第 10 章素材文件夹中的"人物.jpg"文件。按 Ctrl+J 键复制背景图层，如图 10.28 所示。

2. 制作艺术效果

(1) 执行【图像】|【调整】|【去色】命令(快捷键 Shift + Ctrl + J)，去掉图像中的彩色，如图 10.29 所示。

图 10.28 打开素材图片   图 10.29 去色

(2) 执行菜单【滤镜】|【艺术效果】|【木刻】命令，在打开的"木刻"对话框中将【色阶数】设置为 2，将【边缘逼真度】设置为 3，单击【确定】按钮，如图 10.30 所示。

(3) 为了增强图像的对比，按 Ctrl+L 键，在打开的"色阶"对话框中将【输入色阶】设置为 105、1.00、160，单击【确定】按钮，如图 10.31 所示。

(4) 为了表现水波感觉，执行【滤镜】|【模糊】|【高斯模糊】命令，在打开的高斯模糊对话框中将【半径】设置为 1.0。单击【确定】按钮，如图 10.32 所示。

(5) 按 Ctrl+M 键，打开"曲线"对话框，单击曲线创建节点，按如图 10.33 所示进行设置。

(6) 设置前景色为红色#FF0000，在背景图层上方创建新图层，命名为"红色"。填充前景色(快捷键 Alt+Delete)。设置"图层一"和"红色"的混合模式为【滤色】。效果如图 10.34 所示，执行【文件】|【存储为】命令，将文件另存为"人物.jpg"文件。

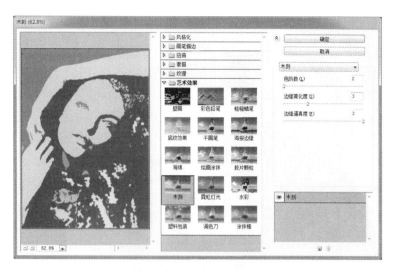

图 10.30　执行木刻效果

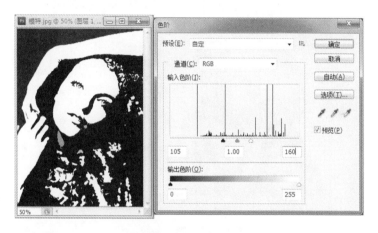

图 10.31　增添图像对比

图 10.32　高斯模糊

图 10.33 增添图像对比

图 10.34 图层叠加

(7) 按照 1-6 同样的方法对"麦克风耳机.jpg"图片进行编辑。最终效果如图 10.35 所示,执行【文件】|【存储为】命令,将制作好的文件另存为"红色麦克风耳机.jpg"文件。

3. 新建图像文件

(1) 执行【文件】|【新建】命令。新建一个大小为 A4,分辨率为 120dpi,名称为"会声会影海报"的文件。

(2) 打开上面步骤中保存的"人物.jpg"图像,使用移动工具,将图像拖动到"会声会影海报"图像中。调节图像大小和位置(快捷键 Ctrl + T),如图 10.36 所示。

(3) 将图层的混合模式设置为【变暗】,不透明度设置为 50%,在"图层"面板中单击【添加图层蒙版】按钮,为人物图层添加蒙版,设置图层模式为"变暗",图层的不透明度为"50%",如图 10.37 所示。

(4) 设置前景色为黑色,选择画笔工具，在选项栏中打开"画笔大小"对话框,单击右上侧的小三角,在打开的快捷菜单中选择【载入画笔】,打开"载入画笔"对话框,在其中选择素材文件夹中的"Water Color.abr"，载入水彩画笔，选择"Water Color01"笔刷，调整笔刷大小，在"图层"面板中单击【蒙版缩略图】，使用黑色画笔在图像周围涂抹，为人物图层添加适当的蒙版效果，如图 10.38 所示。

图 10.35　红色耳机

图 10.36　调整图像大小

图 10.37　添加图层蒙版

图 10.38　隐藏图像边缘

(5) 用同样的方法把"红色麦克风耳机.jpg"导入"会声会影海报.psd"文件中，【将图层的混合模式设置为【变暗】，不透明度设置为80%，在"图层"面板中单击【添加图层蒙版】按钮，为麦克风图层添加蒙版，并使用笔刷在蒙版中适当绘制，如图 10.39 所示。

(6) 添加新的图层，命名为"Water Color 01"，设置前景色为#FDB329，选择笔刷工具，在选项栏中，打开"画笔大小"对话框，单击右上侧的小三角，在打开的快捷菜单中选择【载入画笔】命令，打开"载入画笔"对话框，在其中选择素材文件夹中的"Water Color.abr"，载入水彩画笔，选择"Water Color02"笔刷，调整笔刷大小，在图像中左上角处绘制。将图层的混合模式设置为【线性加深】，不透明度设置为50%，如图 10.40 所示。

(7) 添加新的图层，命名为"Water Color 02"，设置前景色为#FF0B0A，选择笔刷工具，选择"Water Color05"笔刷，调整笔刷大小，在图像右侧添加笔刷效果。选择橡皮擦工具，在选项中将画笔设置为【柔边圆 70】，清除不需要的部分。将图层的混合模式设置为【线性加深】，不透明度设置为 100%，如图 10.41 所示。

(8) 添加新的图层，命名为"Water Color 03"，将前景色设置为#6E398D，选择笔刷工具，选择"Water Color03"笔刷，调整笔刷大小，在图像的右下角绘制笔刷效果；将图层的混合模式设置为【线性加深】，不透明度设置为 100%，如图 10.42 所示。

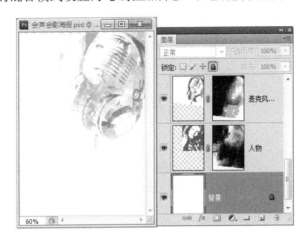

图 10.39　添加麦克风耳机图像

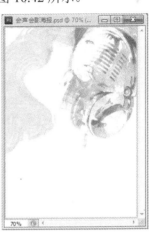

图 10.40　添加左上侧笔刷效果

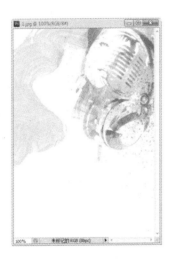

图 10.41　添加右侧笔刷

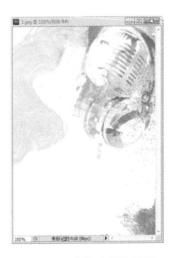

图 10.42　添加右下角笔刷

(9) 添加新的图层，命名为"Water Color 04"，将前景色设置为#FDB329，选择"Water Color05"笔刷，调整笔刷大小，在图像的左侧绘制笔刷效果，将图层的混合模式设置为【线性加深】，不透明度设置为 70%，如图 10.43 所示。

(10) 添加新的图层，命名为"Water Color 05"，将前景色设置为#BBC4d0，选择"Water Color04"笔刷，调整笔刷大小，在图像的左上角绘制笔刷效果，在图像的右下角绘制笔刷效果；将图层的混合模式设置为【线性加深】，不透明度设置为 30%，如图 10.44 所示。

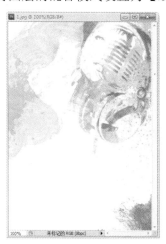
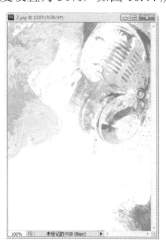

图 10.43　添加左侧笔刷　　　　　　　　图 10.44　添加左上角笔刷

4. 添加肌理效果

(1) 选择最上面的图层，按 Shift+Ctrl +Alt+E 键盖印图层，命名为"水彩效果"，执行【滤镜】|【艺术效果】|【绘画涂抹】命令，在打开的"绘画涂抹"对话框中设置笔画大小：3，锐化程度：8，画笔类型：简单，单击【确定】按钮，如图 10.45 所示。

(2) 打开素材文件夹中的"文字.jpg"图像，使用移动工具拖动到海报招贴中，形，调整其大小位置并旋转-15°，如图 10.46 所示。

(3) 选择文字工具 T，选择"迷你简菱心"字体，在图像中输入"设计与艺术学院好声音歌唱比赛火热报名中"的文字，将文字旋转-15°，并放置在图像的适当位置，完成海报制作。

图 10.45　添加绘画涂抹效果　　　　　　图 10.46　添加文字效果

10.3　包装效果制作

 案例说明

　　纸盒包装设计分为结构设计和装潢设计，两者结合才能产生完美的艺术效果。该案例主要绘制包装的展开图及效果图，具体尺寸数值不做详细介绍。创意来源于咖啡豆及等高线地形图。通过两种概念点的结合及略带南美风情的色彩运用，传达出该产品取材优良、产地纯正的优良产品品质特征。本案例主要应用"路径工具""文字工具""字符属性"等知识点，绘制包装的展开图及最终立体效果图。包装设计整体采用咖啡色调，形式流畅，有复古感。图像效果如图10.47所示。

图10.47　咖啡包装设计效果图

　　注：包装设计知识：
　　在各种包装中，纸盒是一种适应性较强的包装形式。包装的设计要求主要表现在以下几点。
　　(1) 既能保护商品、便于储藏、运输、携带，也能美化生活。
　　(2) 鲜明地标明商标的名称、其形状易读、易辨、易记。
　　(3) 外观造型要具有独特的风格。
　　(4) 色彩的处理要与商品的品质、类别、分量互相配合，达到统一与调和的效果。
　　操作步骤

10.3.1　制作咖啡包装平面图

　　1. 新建图像文件
　　新建一个大小为29.7cm×21cm、分辨率为300dpi、背景色为白色、名称为"咖啡包装盒平面效果图"、颜色模式为RGB的文件。

　　2. 绘制包装结构图
　　(1) 绘制纸盒路径。打开"路径"面板，单击上面的【创建新路径】按钮 ，创建路径1，将路径1重新命名为"包装盒外轮廓路径"，使用钢笔工具 ，绘制纸盒包装外轮廓及内部路径，如图10.48所示。

(2) 建立轮廓选区描边。选择路径选择工具 ，单击最外侧路径，右击，在弹出的菜单中选择【建立选区】命令，在打开的"建立选区"面板中选择羽化为 0，然后单击【确定】按钮。

(3) 描边外轮廓。创建一个新的图层，命名为"包装盒外轮廓"，选择【编辑】|【描边】命令，打开"描边选项"面板，在其中设置描边宽度值：7px，颜色：红色 R，G，B(255，0，0)，如图 10.49 所示。

提示：常见的纸盒在结构形式上，大致分为：六面体、圆柱体和多面体数种。本案例以六面体形式的进行设计。

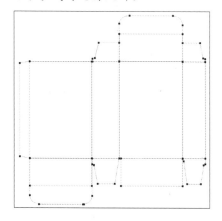

图 10.48　结构路径

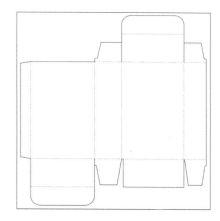

图 10.49　结构线条

(4) 划分包装主视图及其他视图区域，如图 10.50 所示。

3. 填充底色

(1) 选择路径选择工具，选择【正面】、【顶面】、【侧面】、【背面】、【底面】所对应的路径，右击，在弹出的快捷菜单中选择【建立选区】命令。

(2) 创建新的图层，命名为"底色"，选择油漆桶工具 ，设置前景色为深咖啡色 R，G，B(69，44，48)，并在底色图层中填充深咖啡色，如图 10.51 所示。

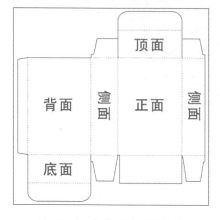

图 10.50　包装结构区域划分

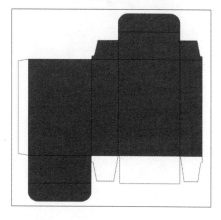

图 10.51　结构区域颜色填充

4. 利用钢笔工具绘制水纹效果

(1) 新建图层并命名为"水纹",打开"路径"面板,单击上面的【创建新路径】按钮,创建路径 1,将路径 1 命名为"水纹"。

(2) 使用钢笔工具,绘制不规则椭圆路径,如图 10.52 所示。

(3) 设置前景色为浅咖啡色 R,G,B(211,197,181),选择路径选择工具,按照如图 10.53 所示顺序,选择"1"所示路径,填充颜色。

图 10.52 不规则椭圆路径

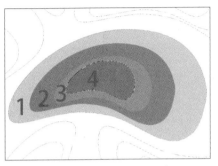

图 10.53 颜色填充顺序

(4) 按照如上步骤,分别按照顺序进行色彩填充,如图 10.54 所示。分别设置:【2】为褐色 R,G,B(170,102,49);【3】为青色 R,G,B(78,187,169);【4】为咖啡色 R,G,B(127,98,74)。

(5) 选择横排文字工具 T,在文档中输入英文"COFFEE",设置文字大小为 29 点,字体 Impact,颜色为黑色。选择【栅格化文字】选项,将基于矢量的文字轮廓转换为像素轮廓属性。

(6) 选择矩形选框工具,单击并拖动鼠标左键,在文字下方建立矩形选区,如图 10.55 所示。按住 Ctrl+Shift 键,向下拖动鼠标左键,垂直移动所选区域。右击取消选择。

图 10.54 填充后效果

图 10.55 建立矩形选区

(7) 选择矩形选框工具,单击鼠标左键并拖动,在字母中间图形缺失的地方建立矩形选区,如图 10.56 所示。

(8) 选择油漆桶工具,设置前景色为黑色,单击,填充黑色。执行上述操作步骤,完成其他字母中间空白区域颜色的填充,如图 10.57 所示。

图 10.56　补充文字选区

图 10.57　选区颜色填充

(9) 按住 Ctrl 键单击"coffee"图层的【图层缩览图】区域，调出图层选区，如图 10.58 所示。选择步骤(1)～(5)所绘制的水纹样式图层，合并图层并命名新图层为"咖啡图案"。

(10) 单击【显示和隐藏图层】按钮，隐藏"coffee"图层，如图 10.59 所示。选择"咖啡图案"图层，选择矩形选框工具，右击，在弹出的菜单中选择【通过拷贝的图层】命令，如图 10.60 所示。

图 10.58　调出文字选区

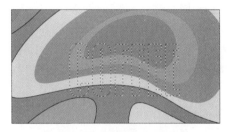

图 10.59　隐藏 coffee 图层

(11) 选择横排文字工具 T，输入英文"ARABICA"，设置文字大小为 11 点，字体 Impact，颜色为黑色。为文字添加底纹，如图 10.61 所示。

图 10.60　"COFFEE"文字效果

图 10.61　"ARABICA"文字效果

5. 添加 LOGO

(1) 导入素材。打开素材文件夹中的名为"印第安人头像.jpg"的文件，使用移动工具，将该素材拖动到"咖啡包装平面图"图像中，按 Ctrl+T 键，调整素材大小。

(2) 按住 Ctrl 键单击"印第安人头像"图层的【图层缩览图】区域，调出选中图层的选区。为印第安人头像添加底纹，如图 10.62 所示。

(3) 制作圆环选区。选择椭圆工具，同时按住 Shift+Alt 键，拖动鼠标左键拉出一个正圆，复制、粘贴椭圆路径，调整其大小，绘制圆环路径。然后将该圆环路径转换为选区，如图 10.63 所示。

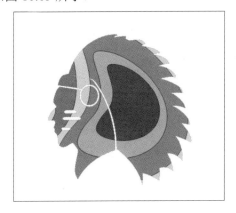

图 10.62　头像制作效果

图 10.63　建立环形选区

(4) 填充颜色.创建新的图层，选择油漆桶工具 🪣，设置前景色为青色 R，G，B(78，187，169)，单击，填充颜色，如图 10.64 所示。

(5) 输入文字。选择横排文字工具 T，输入英文"BRAND"，设置文字大小为 12 点，字体 Impact，颜色为青色 R，G，B(78，187，169)。

(6) 输入英文"AMERICANO"，设置文字大小为 3.5 点，字体 Impact，颜色为咖啡色 R，G，B(127，98，74)。

(7) 输入英文"1888"，设置文字大小为 4.5 点，字体 Impact，颜色为青色 R，G，B(78，187，169)。按住 Ctrl 键，选择上述 3 个图层，执行【图层】|【对齐和分布】|【居中对齐】命令，对齐图层，如图 10.65 所示。

图 10.64　选区填充效果

图 10.65　品牌 logo 效果

6. 添加说明文字

(1) 选择横排文字工具 T，输入英文"Caffè Americano"，设置文字大小为 4.5 点，字体 Impact，颜色为青色 R，G，B(78，187，169)。

(2) 选择横排文字工具 T，用鼠标左键拖出一个矩形段落文字框，并在其中输入关于咖啡的介绍的英文文字，设置文字大小为 4.5 点，字体 Impact，颜色为白色。

(3) 选择横排文字工具 T，输入英文"500g"，设置文字大小为 6.2 点，字体 Impact，颜色为青色 R，G，B(78，187，169)，如图 10.66 所示。

图 10.66　正面文字效果

7．绘制咖啡豆效果

(1) 选择椭圆工具 ◯，同时按住 Shift+Alt 键，向下拖动鼠标，绘制一个正圆。使用钢笔工具 ✎，绘制咖啡豆形状路径，如图 10.67 所示。

(2) 将所绘制的路径转变为选区，创建一个新的图层，命名为"咖啡豆"，选择油漆桶工具 ♨，设置前景色为青色 R，G，B(78，187，169)，将选区填充颜色，如图 10.68 所示。

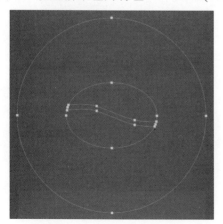

图 10.67　新建咖啡豆路径

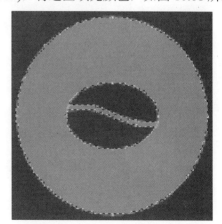

图 10.68　选区颜色填充效果

8．绘制侧面效果

(1) 选择"咖啡图案"图层，拖动图层至【创建新图层】按钮 处，复制该图层。保留所需要的图形，删除其他形状，按 Ctrl+T 键，变换图形的大小，如图 10.69 所示。

(2) 选择多边形套索工具 ，选择多出的图像部分，按 Delete 键删除，如图 10.70 所示。

图 10.69　侧面椭圆形状示意

图 10.70　建立删除选区

(3) 选择 "coffee" 效果图层并复制该图层。按 Ctrl+T 键，顺时针 90°旋转该文字，按住 Ctrl 键并单击 "coffee" 文字图层，调出 "coffee" 文字选区，设置前景色为白色，对文字选区进行填充，如图 10.71 所示。

(4) 再次选择 "coffee" 效果图层，拖动图层至【创建新图层】按钮 ⌐ 处，复制该图层。按 Ctrl+T 键，逆时针 90°旋转该图层，并调整图像的位置，效果如图 10.72 所示。

图 10.71　左侧面文字效果

图 10.72　右侧面文字效果

9. 绘制背面及顶面效果

(1) 选择 "品牌 logo" 图层，并复制该图层，命名为 "背面 LOGO"。选择 "图层" 面板下的【锁定透明像素】按钮 □，按 Alt+Delete 键，将该图层色彩转换为白色。将白色 LOGO 调整至包装盒背面处。

(2) 选择横排文字工具 T，输入英文 "Caffè Americano "，设置文字大小为 9 点，字体 Impact，颜色为白色。复制 "背面 LOGO" 及 "Caffè Americano" 文字图层，调整复制出的图层位置至包装盒顶部，如图 10.73 所示。

(3) 添加条形码。打开第九章素材文件夹中名为"条形码素材.jpg"的文件，使用移动工具 🔲，将条形码图像拖动到"咖啡包装平面图"图像中，调整素材大小及位置，如图 10.74 所示。

图 10.73　顶面及背面图形调整

图 10.74　导入条形码素材

(4) 选择横排文字工具 **T**，单击并在"背面"区域拖动出一个矩形段落文字框，在其中输入关于咖啡厂商介绍的英文文字，设置文字大小为 4.5 点，字体 Impact，颜色为白色，如图 10.75 所示。

(5) 在完成结构展开效果图的绘制后，细致耐心地推敲文字的摆放位置，图形与文字的位置关系等内容，并对不满意的地方进行反复修改。最终得到如图 10.76 所示效果。

(6) 执行【文件】|【存储为】命令，将图像另存为一个名为"咖啡包装盒平面效果图"的 JPEG 格式图像文件。

图 10.75　输入厂商介绍文字

图 10.76　最终展开效果图

10.3.2　绘制包装盒立体效果图

1．新建立体效果图文件

新建一个大小为 29.7cm×21cm、分辨率为 300dpi、背景色为白色、名称为"咖啡包装立体效果图"、颜色模式为 RGB 的文件。

2．绘制立体效果图

(1) 导入素材。打开第 9 章素材文件夹中的名为"包装盒素材.jpg"的文件，使用移动工具 ，将"包装盒素材"拖动到"咖啡包装立体效果图"图像中，调整素材大小，如图 10.77 所示。

(2) 打开"咖啡包装盒平面效果图.jpg"文件，使用移动工具 ，将该图像拖动到"咖啡包装立体效果图"图像中，调整素材大小。

(3) 使用矩形选框工具 ，将咖啡平面效果图的正面选中，右击，在弹出的快捷菜单中选择【通过拷贝的图层】命令，如图 10.78 所示。

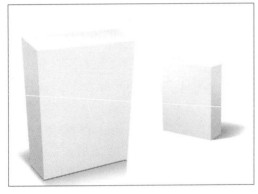

图 10.77　导入素材

图 10.78　拷贝正面图层

(4) 按 Ctrl+T 键，自由变换"正面"图层，按住 Ctrl 键，调整"正面"图像形状与素材的形状相匹配，效果如图 10.79 所示。

(5) 按照上述步骤，依次完成"侧面"、"顶面"及"背面"效果图的绘制，如图 10.80 所示。

图 10.79　正面调整后效果图

图 10.80　包装各面调整后效果

(6) 绘制边缘阴影条。前景色设为黑色，选择画笔工具 ；右击，设置画笔形状：柔边圆，大小：10px；不透明度：14%。按住 Shift 键和鼠标左键由左图示位置 1 至 2、2 至 3 单击，如图 10.81 所示。

(7) 绘制边缘高光条。前景色设为白色，按住 Shift 键和鼠标左键由左图示位置 2 至 4 单击，如图 10.82 所示。

图 10.81　阴影条绘制顺序　　　　　图 10.82　高光条绘制顺序

(8) 绘制正面高光。按住 Ctrl 键单击正面图层的【图层缩览图】，调出正面图层的选区。前景色设为白色，选择渐变工具 ，对【渐变编辑器】进行色彩填充设置，选择由白到透明的颜色渐变，同样的方法，完成包装盒其他部分的高光效果绘制，如图 10.83 所示。

图 10.83　渐变填充正面光影

(9) 最后调整。仔细推敲效果图的表现效果，并对不满意的地方进行修改。

10.4　工业产品绘制

 案例说明

　　本案例主要应用"路径工具""画笔工具"等知识点，制作了一幅无绳电话效果图。路径工具属于矢量绘图工具，其优点是可以勾画平滑的曲线，在缩放或者变形之后仍能保持平滑效果。通过结合画笔工具及其他颜色填充工具，可制作出具有较强的立体感的，并富有一定材料质感的效果图。本案例通过对产品本身光影上的变化，以及塑料质感的表现上进行了细致的绘制，画面效果干净简洁，有一定的时尚感。图像效果如图 10.84 所示。

　　提示：通常绘制产品的效果图时，采用由远及近、由内到外、由上到下的原则，绘制产品效果图的不同部分。

图 10.84　无绳电话最终效果图

操作步骤如下。

　　1. 绘制产品轮廓路径

　　(1) 新建一个大小为 29.7cm×21cm、分辨率为 300dpi、背景色为黑色、名称为"无绳电话效果图"、颜色模式为 RGB 的文件。

　　(2) 绘制机身轮廓。由于电话为左右对称图形，所以在绘制外轮廓路径时，使用钢笔工具，先绘制左半部分的路径，然后复制该路径。再将该路径水平翻转，得到右侧路径，如图 10.85 所示。

　　(3) 运用上述方法，绘制轮廓内部各条路径，如图 10.86 所示。

　　(4) 选择路径选择工具，框选所有路径，单击选项栏中的【水平居中对齐】按钮，使各条路径居中对齐。然后使用钢笔工具，将左右两侧连接，如图 10.87 所示。

图 10.85　绘制外轮廓路径

图 10.86　绘制机身路径

2. 绘制机身效果

(1) 选择路径选择工具 ，选择最外轮廓路径并右击，在弹出的快捷菜单中选择【建立选区】命令，创建一个新图层，并命名为"机身"。

(2) 选择渐变工具 ，对渐变编辑器进行色彩填充设置，并对机身图层进行由亮到暗的颜色填充，如图 10.88 所示。

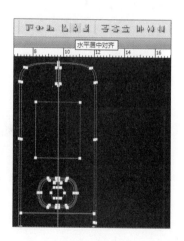

图 10.87　居中对齐路径

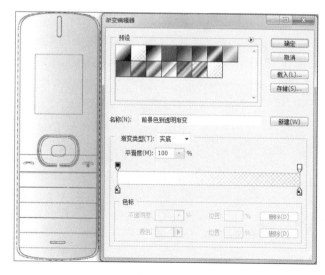

图 10.88　机身颜色填充

提示：通常绘制产品效果图的光影关系时，均假设光是从产品的左上角照射下来，因此，效果图的左侧会作为亮光区，右侧为背光区。

(3) 绘制机顶高光条。选择画笔工具 ，设置画笔形状：柔边圆；大小：108px；不透明度：14%。按住 Shift 键的同时拖动鼠标由左向右滑动，如图 10.89 所示。

(4) 绘制机身面板塑料材质效果。使用路径选择工具 ，选择倒数第二层轮廓路径，建立选区，创建一个新图层，并命名为"主面板"。

(5) 选择渐变工具 ▣，填充一个如图 10.90 所示的渐变颜色。

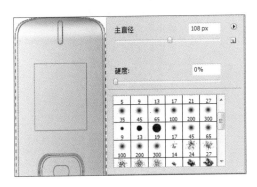

图 10.89　绘制高光效果　　　　　图 10.90　绘制机身主面板

(6) 复制该图层，设定该副本图层不透明度为 50%。执行【滤镜】|【杂色】|【添加杂色】命令，设定数量值 4.8%、高斯分布、单色，如图 10.91 所示。

(7) 保持选区并创建一个新的图层，命名为"描黑边"，执行【编辑】|【描边】命令，设置描边的宽度：3px，颜色：黑色 R，G，B(0，0，0)。

(8) 新建图层，命名为"描白边"，采用上述方法为选区描边，设置宽度值：3px，颜色：白色 R，G，B(255，255，255)。

(9) 取消选区，选择移动工具 ▶，使用键盘上的方向键，向右下方轻移白色描边图层，形成如图 10.92 所示的边缘缝隙的阴影效果。

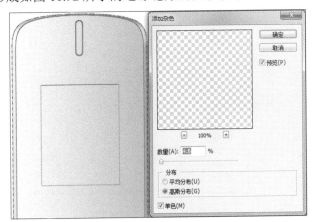
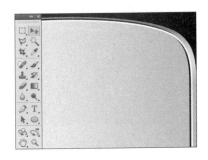

图 10.91　添加杂色效果　　　　　图 10.92　绘制边缘缝隙效果

3. 绘制屏幕区域效果

(1) 绘制屏幕区域。建立屏幕区域选区，新建图层并命名为"屏幕"。选择油漆桶工具 ▲，为选区填充黑色，如图 10.93 所示。

(2) 绘制屏幕显示区域。建立屏幕显示区域选区，新建图层并命名为"屏幕显示区"。

执行【编辑】|【描边】命令，对选区进行描边，宽度值：2px，颜色：灰色 R，G，B(26，26，26)，然后将选区填充黑色，如图 10.94 所示。

图 10.93   绘制屏幕区域

图 10.94   绘制显示区域

(3) 绘制屏幕高光区域。选择钢笔工具，绘制高光区域路径，如图 10.95 所示。右击，在打开的快捷菜单中选择【建立选区】命令。

(4) 选择"屏幕"图层，选择矩形选框工具，右击，在打开的快捷菜单中选择【通过拷贝的图层】命令，得到如图 10.96 所示形状。

图 10.95   建立高光区域路径

图 10.96   高光选区

(5) 新建图层并命名为"屏幕高光"，选择渐变工具，为选区填充自下而上、由白色到透明的渐变色彩，如图 10.97 所示。

(6) 绘制电话听筒。选择路径选择工具，选择电话听筒路径，并转换为选区，新建图层命名为"听筒"。选择渐变工具，为该图层自左而右填充由黑到白的颜色渐变，如图 10.98 所示。

(7) 同样上述方法，完成听筒内部其他区域的颜色填充，如图 10.99 所示。

(8) 添加金属字效果。选择字符工具 T，在听筒下方输入英文"BRAND"，设置文字大小为 11 点，字体为 Impact，颜色随意。选择图层样式中的【渐变叠加】，设置如图 10.100 所示的渐变类型。单击【确定】按钮，为文字由上至下添加渐变色彩，如图 10.101 所示。

图 10.97 屏幕高光效果

图 10.98 填充听筒区域颜色渐变

图 10.99 听筒效果

图 10.100 渐变编辑器

图 10.101 添加渐变叠加样式

4. 绘制导航键效果

(1) 选择路径选择工具, 选择导航键最外路径, 如图 10.102 所示, 建立选区。

(2) 新建图层并命名为"导航键"。选择渐变工具, 为该图层填充由黑到白的颜色渐变, 如图 10.103 所示。

(3) 按照由外及内的原则, 依次选择导航键路径。按照步骤(2)的方法, 为图层填充由黑到白的颜色渐变, 相邻层填充方向相反, 效果如图 10.104 至图 10.106 所示。

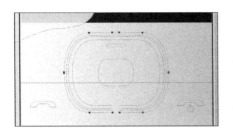

图 10.102　导航键路径

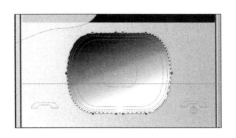

图 10.103　填充路径选区

图 10.104　导航键第一层

图 10.105　导航键第二层

图 10.106　导航键第三层

(4) 选择路径选择工具，选择导航键最内路径，转换为选区，创建新的图层并命名为"中心键描黑边"，为选区描边，宽度值：3px，颜色：黑色。同样的方法，创建"中心键描白边"图层，宽度值：3px，颜色：白色。

(5) 取消选区，选择移动工具，按键盘上的方向键，向右下方轻移白边，形成按键缝隙的阴影关系，如图 10.107 所示。

(6) 绘制按键图形。选择路径选择工具，选择"接听键"路径，建立选区，创建一个新的图层命名为"接听键"，使用油漆桶工具，将选区填充为绿色。同样的方法，制作"挂断键"，效果如图 10.108 所示。

图 10.107　中间按键效果

图 10.108　功能键效果绘制

5. 绘制数字按键键盘

(1) 新建图层命名为"横条"，选择矩形选框工具，绘制一个条形选区。

(2) 将选区填充为黑色。设置该图层的不透明度为 50%，如图 10.109 所示。

(3) 按 Ctrl+J 键，复制该图层 4 次，并依次向下移动，调整图层间距，使其与路径位置相对应，如图 10.110 所示。

(4) 为了增强键盘效果图的真实感，需要对键盘的缝隙处进行细致的处理。通过"明"、"暗"色的对比，体现出键盘的立体感。使用矩形选框工具，拖动出一个条形选区。

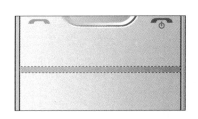

图 10.109　新建制作阴影选区

图 10.110　按键阴影效果

(5) 新建图层命名为"横条阴影"。设置前景色为灰色 R，G，B(85，85，85)，填充当前选区，如图 10.111 所示。

(6) 新建图层命名为"横条高光"。设置前景色为白色，填充当前选区，取消选区，选择移动工具 ，向下轻移白色填充图层，如图 10.112 所示。

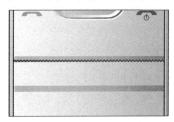

图 10.111　缝隙区域黑色填充

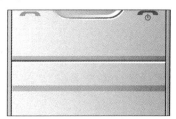

图 10.112　按键缝隙效果

(7) 复制多条"灰"、"白"对比图层，并移动至灰色条形区，形成键盘上按键的缝隙感，如图 10.113 所示。

(8) 按照上述方法，绘制竖条"灰"、"白"图层，并选择文字工具 ，输入按键字符，如图 10.114 所示。

图 10.113　水平按键立体效果

图 10.114　数字按键字符输入

(9) 绘制话筒形状。按照由外及内的原则，依次选择话筒路径。在图层面板中分别新建图层。选择渐变工具 ，为图层填充由黑到白的颜色渐变，绘制过程如图 10.115 所示。

图 10.115　话筒立体效果绘制步骤

(10) 整体观察图像，对光影关系不够好的地方进行修改，最终正面效果如图 10.116 所示。

图 10.116　正面效果图

6. 绘制背面效果

(1) 选择"机身"图层，按 Ctrl+J 键复制该图层，重新命名为"机身背面"。选择【移动工具】，将该副本图层移至右侧。按住 Ctrl 键单击该图层的【图层缩览图】，调出选中图层的选区，如图 10.117 所示。

(2) 绘制高光条。选择画笔工具，设置画笔形状：柔边圆；大小：85px；不透明度：14%。按住 Shift 键，由上至下滑动鼠标，绘制高光条。效果如图 10.118 所示。

图 10.117　电话背面选区

图 10.118　绘制背面高光

(3) 绘制电池盖效果。选择钢笔工具，绘制电池盖区域的边缘路径。建立选区，创建一个新的图层，命名为"电池盖"，对该选区进行描边，其中宽度值：3px，颜色：黑色。同样的方法，建立一个"白色描边"图层，宽度值：3px，颜色：白色。

(4) 取消选区，选择移动工具，按键盘上的方向键，向右下方轻移"白色描边"图层，形成电池盖缝隙的阴影关系，如图 10.119 所示。

(5) 采用上述方法，绘制螺丝塞效果，如图 10.120 所示。

图 10.119　电池盖效果

图 10.120　螺丝塞效果

(6) 绘制背面内凹效果。选择钢笔工具，绘制内凹边缘路径。建立选区，创建一个新的图层，命名为"内凹"。

(7) 设置【前景色】为黑色，选择渐变工具，由下向上拖动，为选区填充从黑色到透明的渐变效果，如图 10.121 所示。采用上述方法，绘制白色渐变效果，如图 10.122 所示。

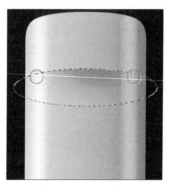

图 10.121　绘制内凹效果 1

图 10.122　绘制内凹效果 2

(8) 绘制内凹文字效果。选择横排文字工具 T，在听筒下方输入英文"BRAND"，设置文字大小为 12 点，字体为 Impact，颜色为白色；复制文字图层，设置文字颜色为：黑色。再复制文字图层，设置文字颜色为：灰色 R，G，B(159，159，159)。

(9) 选择白色文字，使用移动工具，按键盘上的方向键，向右下方轻移；选择黑色文字，使用移动工具，向左上方轻移，设置文字立体效果，如图 10.123 所示。

图 10.123　设置文字立体效果

7. 调整细节，完善效果图的立体效果

选择油漆桶工具，在背景图层内填充蓝色 R，G，B(9，162，211)。其目的是降低黑色背景对视觉的影响，让产品的立体效果在蓝色背景上更为突出，细节更加完整、清晰。最后对不满意的地方进行反复修改，完成效果图制作，保存图像。

附　录　　Photoshop CS5 快捷键大全

文件操作

命令	快捷键	命令	快捷键
新建图形文件	Ctrl+N	另存为	Ctrl+Shift+S
用默认设置创建新文件	Ctrl+Alt+N	存储副本	Ctrl+Alt+S
打开已有的图像	Ctrl+O	页面设置	Ctrl+Shift+P
打开为	Ctrl+Alt+O	打印	Ctrl+P
关闭当前图像	Ctrl+W	打开【预置】对话框	Ctrl+K
保存当前图像	Ctrl+S		

编辑操作

命令	快捷键	命令	快捷键
还原/重做前一步操作	Ctrl+Z	从中心或对称点开始变换 (在自由变换模式下)	Alt
还原两步以上操作	Ctrl+Alt+Z	限制(在自由变换模式下)	Shift
重做两步以上操作	Ctrl+Shift+Z	扭曲(在自由变换模式下)	Ctrl
剪切选取的图像或路径	Ctrl+X	取消变形(在自由变换模式下)	Esc
复制选取的图像或路径	Ctrl+C	自由变换复制的像素数据	Ctrl+Shift+T
复制合并层后选取的图像或路径	Ctrl+Shift+C	再次变换复制的像素数据并建立一个副本	Ctrl+Shift+Alt+T
将剪贴板的内容粘贴到当前图形中	Ctrl+V	用前景色填充所选区域或整个图层	Alt+BackSpace 或 Alt+Del
将剪贴板的内容粘贴到选框中，并以展现选框的方式产生遮罩	Ctrl+Shift+V	用背景色填充所选区域或整个图层	Ctrl+BackSpace 或 Ctrl+Del

续表

命令	快捷键	命令	快捷键
将剪贴板的内容粘贴到选框中，并以隐藏选框的方式产生遮罩	Ctrl+Shift+Alt+V	弹出"填充"对话框	Shift+BackSpace 或 Shift+F5
自由变换	Ctrl+T	用前景色填充当前层的不透明区域	Shift+Alt+Del
从历史记录中填充	Alt+Ctrl+Backspace		

选择功能

命令	快捷键	命令	快捷键
全部选取	Ctrl+A	反向选择	Ctrl+Shift+I 或 Shift+F7
取消选择	Ctrl+D	路径变选区	数字键盘的 Enter
恢复最后的那次选择	Ctrl+Shift+D	载入选区	Ctrl+单击图层、路径、通道面板中的缩略图
羽化选择	Ctrl+Alt+D 或 Shift+F6	载入对应单色通道的选区	Ctrl+Alt+数字

视图操作

命令	快捷键	命令	快捷键
显示彩色通道	Ctrl+～	放大视图并适应视窗	Ctrl+Alt++
显示对应的单色通道	Ctrl+数字	缩小视图并适应视窗	Ctrl+Alt+−
打开/关闭色域警告	Ctrl+Shift+Y	满画布显示	Ctrl+0
放大视图	Ctrl++	实际像素显示	Ctrl+Alt+0
缩小视图	Ctrl+−		

工具操作

命令	快捷键	命令	快捷键
矩形、椭圆选框工具	U	污点修复工具	J
裁剪工具	C	画笔工具	B
移动工具	V	橡皮图章、图案图章	S
套索、多边形套索、磁性套索	L	历史记录画笔工具	Y
魔棒工具	W	橡皮擦工具	E
旋转视图工具	R	路径选取工具	A
减淡、加深、海棉工具	O	文字、文字蒙版、直排文字、直排文字蒙版	T

命令	快捷键	命令	快捷键
钢笔、自由钢笔、磁性钢笔	P	油漆桶工具	G
添加锚点工具	+	吸管、颜色取样器	I
缩放工具	Z	切换前景色和背景色	X
默认前景色和背景色	D		

图层操作

命令	快捷键	命令	快捷键
从对话框新建一个图层	Ctrl+Shift+N	将当前层下移一层	Ctrl+[
以默认选项建立一个新的图层	Ctrl+Alt+Shift+N	将当前层上移一层	Ctrl+]
通过复制建立一个图层	Ctrl+J	将当前层移到最下面	Ctrl+Shift+[
通过剪切建立一个图层	Ctrl+Shift+J	将当前层移到最上面	Ctrl+Shift+]
与前一图层编组	Ctrl+G	激活下一个图层	Alt+[
取消编组	Ctrl+Shift+G	激活上一个图层	Alt+]
向下合并或合并联接图层	Ctrl+E	激活底部图层	Shift+Alt+[
合并可见图层	Ctrl+Shift+E	激活顶部图层	Shift+Alt+]
盖印或盖印链接图层	Ctrl+Alt+E	调整当前图层的不透明度	(当前工具为无数字参数的,如移动工具)0~9
盖印可见图层	Ctrl+Alt+Shift+E		

图层混合模式

命令	快捷键	命令	快捷键
循环选择混合模式	Alt+-或+	变亮	Ctrl+Alt+G
正常	Ctrl+Alt+N	差值	Ctrl+Alt+E
阈值(位图模式)	Ctrl+Alt+L	排除	Ctrl+Alt+X
溶解	Ctrl+Alt+I	色相	Ctrl+Alt+U
背后	Ctrl+Alt+Q	饱和度	Ctrl+Alt+T
清除	Ctrl+Alt+R	颜色	Ctrl+Alt+C
正片叠底	Ctrl+Alt+M	光度	Ctrl+Alt+Y
屏幕	Ctrl+Alt+S	去色	海棉工具+Ctrl+Alt+J
叠加	Ctrl+Alt+O	加色	海棉工具+Ctrl+Alt+A

续表

命令	快捷键	命令	快捷键
柔光	Ctrl+Alt+F	暗调	减淡/加深工具+Ctrl+Alt+W
强光	Ctrl+Alt+H	中间调	减淡/加深工具+Ctrl+Alt+V
颜色减淡	Ctrl+Alt+D	高光	减淡/加深工具+Ctrl+Alt+Z
颜色加深	Ctrl+Alt+B		
变暗	Ctrl+Alt+K		

其他

命令	快捷键	命令	快捷键
帮助	F1	隐藏/显示"颜色"面板	F6
剪切	F2	隐藏/显示"图层"面板	F7
复制	F3	隐藏/显示"信息"面板	F8
粘贴	F4	隐藏/显示"动作"面板	F9
隐藏/显示"画笔"面板	F5	恢复	F12

参 考 文 献

[1] 郝军启，刘治国. Photoshop CS3 中文版图像处理标准教程[M]. 北京：清华大学出版社，2008.

[2] 洪光，赵倬. Photoshop CS3 图形图像处理案例教程[M]. 北京：北京大学出版社，2009.

[3] 刑冰冰，林雯. 图形图像处理基础与应用教程[M]. 北京：人民邮电出版社，2013.

[4] 张晓景. 7 天精通 Photoshop CS5 UI 交互设计[M]. 北京：电子工业出版社，2012.

[5] 侯占怡. 设计师快速表现技法——手绘、数位板、电脑的完美结合[M]. 北京：中国铁道出版社，2010.

[6] 马冰峰. Photoshop CS 中文版商业 CG 技法[M]. 北京：电子工业出版社，2005.

[7] 远望图书部. 电脑手绘大师[M]. 北京：人民交通出版社，2005.

[8] 刘艳飞. 基于工作过程系统化—Photoshop 设计与应用教程[M]. 北京：北京理工大学出版社，2011.

[9] 巩晓秋，刘昕辉. Photoshop 图形图像处理技术[M]. 北京：北京交通大学出版社，2008.

全国高职高专计算机、电子商务系列教材推荐书目

【语言编程与算法类】

序号	书号	书名	作者	定价	出版日期	配套情况
1	978-7-301-13632-4	单片机 C 语言程序设计教程与实训	张秀国	25	2012	课件
2	978-7-301-15476-2	C 语言程序设计(第 2 版)(2010 年度高职高专计算机类专业优秀教材)	刘迎春	32	2013 年第 3 次印刷	课件、代码
3	978-7-301-14463-3	C 语言程序设计案例教程	徐翠霞	28	2008	课件、代码、答案
4	978-7-301-17337-4	C 语言程序设计经典案例教程	韦良芬	28	2010	课件、代码、答案
5	978-7-301-20879-3	Java 程序设计教程与实训(第 2 版)	许文宪	28	2013	课件、代码、答案
6	978-7-301-13570-9	Java 程序设计案例教程	徐翠霞	33	2008	课件、代码、习题答案
7	978-7-301-13997-4	Java 程序设计与应用开发案例教程	汪志达	28	2008	课件、代码、答案
8	978-7-301-15618-6	Visual Basic 2005 程序设计案例教程	靳广斌	33	2009	课件、代码、答案
9	978-7-301-17437-1	Visual Basic 程序设计案例教程	严学道	27	2010	课件、代码、答案
10	978-7-301-09698-7	Visual C++ 6.0 程序设计教程与实训(第 2 版)	王 丰	23	2009	课件、代码、答案
11	978-7-301-22587-5	C#程序设计基础教程与实训(第 2 版)	陈 广	40	2013 年第 1 次印刷	课件、代码、视频、答案
12	978-7-301-14672-9	C#面向对象程序设计案例教程	陈向东	28	2012 年第 3 次印刷	课件、代码、答案
13	978-7-301-16935-3	C#程序设计项目教程	宋桂岭	26	2010	课件
14	978-7-301-15519-6	软件工程与项目管理案例教程	刘新航	28	2011	课件、答案
15	978-7-301-12409-3	数据结构(C 语言版)	夏 燕	28	2011	课件、代码、答案
16	978-7-301-24776-1	数据结构(C#语言描述)(第 2 版)	陈 广	38	2014	课件、代码、答案
17	978-7-301-14463-3	数据结构案例教程(C 语言版)	徐翠霞	28	2013 年第 2 次印刷	课件、代码、答案
18	978-7-301-23014-5	数据结构(C/C#/Java 版)	唐懿芳等	32	2013	课件、代码、答案
19	978-7-301-18800-2	Java 面向对象项目化教程	张雪松	33	2011	课件、代码、答案
20	978-7-301-18947-4	JSP 应用开发项目化教程	王志勃	26	2011	课件、代码、答案
21	978-7-301-19821-6	运用 JSP 开发 Web 系统	涂 刚	34	2012	课件、代码、答案
22	978-7-301-19890-2	嵌入式 C 程序设计	冯 刚	29	2012	课件、代码、答案
23	978-7-301-19801-8	数据结构及应用	朱 珍	28	2012	课件、代码、答案
24	978-7-301-19940-4	C#项目开发教程	徐 超	34	2012	课件
25	978-7-301-15232-4	Java 基础案例教程	陈文兰	26	2009	课件、代码、答案
26	978-7-301-20542-6	基于项目开发的 C#程序设计	李 娟	32	2012	课件、代码、答案
27	978-7-301-19935-0	J2SE 项目开发教程	何广军	25	2012	素材、答案
28	978-7-301-24308-4	JavaScript 程序设计案例教程(第 2 版)	许 旻	33	2014	课件、代码、答案
29	978-7-301-17736-5	.NET 桌面应用程序开发教程	黄 河	30	2010	课件、代码、答案
30	978-7-301-19348-8	Java 程序设计项目化教程	徐义晗	36	2011	课件、代码、答案
31	978-7-301-19367-9	基于.NET 平台的 Web 开发	严月浩	37	2011	课件、代码、答案
32	978-7-301-23465-5	基于.NET 平台的企业应用开发	严月浩	44	2014	课件、代码、答案
33	978-7-301-13632-4	单片机 C 语言程序设计教程与实训	张秀国	25	2014 年第 5 次印刷	课件
34		软件测试设计与实施(第 2 版)	蒋方纯			

【网络技术与硬件及操作系统类】

序号	书号	书名	作者	定价	出版日期	配套情况
1	978-7-301-14084-0	计算机网络安全案例教程	陈 昶	30	2008	课件
2	978-7-301-23521-6	网络安全基础教程与实训(第 3 版)	尹少平	38	2014	课件、素材、答案
3	978-7-301-13641-6	计算机网络技术案例教程	赵艳玲	28	2008	课件
4	978-7-301-18564-3	计算机网络技术案例教程	宁芳露	35	2011	课件、习题答案
5	978-7-301-10290-9	计算机网络技术基础教程与实训	桂海进	28	2010	课件、答案
6	978-7-301-10887-1	计算机网络安全技术	王其良	28	2011	课件、答案
7	978-7-301-21754-2	计算机系统安全与维护	吕新荣	30	2013	课件、素材、答案
8	978-7-301-12325-6	网络维护与安全技术教程与实训	韩最蛟	32	2010	课件、习题答案
9	978-7-301-09635-2	网络互联及路由器技术教程与实训(第 2 版)	宁芳露	27	2012	课件、答案
10	978-7-301-15466-3	综合布线技术教程与实训(第 2 版)	刘省贤	36	2012	课件、习题答案
11	978-7-301-14673-6	计算机组装与维护案例教程	谭 宁	33	2012 年第 3 次印刷	课件、习题答案
12	978-7-301-13320-0	计算机硬件组装和评测及数码产品评测教程	周 奇	36	2008	课件
13	978-7-301-12345-4	微型计算机组成原理教程与实训	刘辉珞	22	2010	课件、习题答案
14	978-7-301-16736-6	Linux 系统管理与维护(江苏省省级精品课程)	王秀平	29	2013 年第 3 次印刷	课件、习题答案
15	978-7-301-22967-5	计算机操作系统原理与实训(第 2 版)	周 峰	36	2013	课件、答案
16	978-7-301-16047-3	Windows 服务器维护与管理教程与实训(第 2 版)	鞠光明	33	2010	课件、答案
17	978-7-301-14476-3	Windows2003 维护与管理技能教程	王 伟	29	2009	课件、习题答案
18	978-7-301-18472-1	Windows Server 2003 服务器配置与管理情境教程	顾红燕	24	2012 年第 2 次印刷	课件、习题答案
19	978-7-301-23414-3	企业网络技术基础实训	董宇峰	38	2014	课件
20	978-7-301-24152-3	Linux 网络操作系统	王 勇	38	2014	课件、代码、答案

【网页设计与网站建设类】

序号	书号	书名	作者	定价	出版日期	配套情况
1	978-7-301-15725-1	网页设计与制作案例教程	杨森香	34	2011	课件、素材、答案
2	978-7-301-15086-3	网页设计与制作教程与实训(第2版)	于巧娥	30	2011	课件、素材、答案
3	978-7-301-13472-0	网页设计案例教程	张兴科	30	2009	课件
4	978-7-301-17091-5	网页设计与制作综合实例教程	姜春莲	38	2010	课件、素材、答案
5	978-7-301-16854-7	Dreamweaver网页设计与制作案例教程(2010年度高职高专计算机类专业优秀教材)	吴 鹏	41	2012	课件、素材、答案
6	978-7-301-21777-1	ASP .NET 动态网页设计案例教程(C#版)(第2版)	冯 涛	35	2013	课件、素材、答案
7	978-7-301-10226-8	ASP 程序设计教程与实训	吴 鹏	27	2011	课件、素材、答案
8	978-7-301-16706-9	网站规划建设与管理维护教程与实训(第2版)	王春红	32	2011	课件、答案
9	978-7-301-21776-4	网站建设与管理案例教程(第2版)	徐洪祥	31	2013	课件、素材、答案
10	978-7-301-17736-5	.NET 桌面应用程序开发教程	黄 河	30	2010	课件、素材、答案
11	978-7-301-19846-9	ASP .NET Web 应用案例教程	于 洋	26	2012	课件、素材
12	978-7-301-20565-5	ASP.NET 动态网站开发	崔 宁	30	2012	课件、素材、答案
13	978-7-301-20634-8	网页设计与制作基础	徐文平	28	2012	课件、素材、答案
14	978-7-301-20659-1	人机界面设计	张 丽	25	2012	课件、素材、答案
15	978-7-301-22532-5	网页设计案例教程(DIV+CSS 版)	马 涛	32	2013	课件、素材、答案
16	978-7-301-23045-9	基于项目的 Web 网页设计技术	苗彩霞	36	2013	课件、素材、答案
17	978-7-301-23429-7	网页设计与制作教程与实训(第3版)	于巧娥	34	2014	课件、素材、答案

【图形图像与多媒体类】

序号	书号	书名	作者	定价	出版日期	配套情况
1	978-7-301-21778-8	图像处理技术教程与实训(Photoshop 版)（第2版）	钱 民	40	2013	课件、素材、答案
2	978-7-301-14670-5	Photoshop CS3 图形图像处理案例教程	洪 光	32	2010	课件、素材、答案
3	978-7-301-13568-6	Flash CS3 动画制作案例教程	俞 欣	25	2012年第4次印刷	课件、素材、答案
4	978-7-301-18946-7	多媒体技术与应用教程与实训(第2版)	钱 民	33	2012	课件、素材、答案
5	978-7-301-17136-3	Photoshop 案例教程	沈道云	25	2011	课件、素材、视频
6	978-7-301-19304-4	多媒体技术与应用案例教程	刘辉珞	34	2011	课件、素材、答案
7	978-7-301-20685-0	Photoshop CS5 项目教程	高晓黎	36	2012	课件、素材
8	978-7-301-24103-5	多媒体作品设计与制作项目化教程	张敬斋	38	2014	课件、素材
9	978-7-301-24919-2	Photoshop CS5 图形图像处理案例教程(第2版)	李 琴	41	2014	课件、素材

【数据库类】

序号	书号	书名	作者	定价	出版日期	配套情况
1	978-7-301-13663-8	数据库原理及应用案例教程(SQL Server 版)	胡锦丽	40	2010	课件、素材、答案
2	978-7-301-16900-1	数据库原理及应用(SQL Server 2008 版)	马桂婷	31	2011	课件、素材、答案
3	978-7-301-15533-2	SQL Server 数据库管理与开发教程与实训(第2版)	杜兆将	32	2012	课件、素材、答案
4	978-7-301-13315-6	SQL Server 2005 数据库基础及应用技术教程与实训	周 奇	34	2013年第7次印刷	课件
5	978-7-301-15588-2	SQL Server 2005 数据库原理与应用案例教程	李 军	27	2009	课件
6	978-7-301-16901-8	SQL Server 2005 数据库系统应用开发技能教程	王 伟	28	2010	课件
7	978-7-301-17174-5	SQL Server 数据库实ường教程	汤承林	38	2010	课件、习题答案
8	978-7-301-17196-7	SQL Server 数据库基础与应用	贾艳宇	39	2010	课件、习题答案
9	978-7-301-17605-4	SQL Server 2005 应用教程	梁庆枫	25	2012年第2次印刷	课件、习题答案
10	978-7-301-18750-0	大型数据库及其应用	孔勇奇	32	2011	课件、素材、答案

【电子商务类】

序号	书号	书名	作者	定价	出版日期	配套情况
1	978-7-301-12344-7	电子商务物流基础与实务	邓之宏	38	2010	课件、习题答案
2	978-7-301-12474-1	电子商务原理	王 震	34	2008	课件
3	978-7-301-12346-1	电子商务案例教程	龚 民	24	2010	课件、习题答案
4	978-7-301-18604-6	电子商务概论（第2版）	于巧娥	33	2012	课件、习题答案

【专业基础课与应用技术类】

序号	书号	书名	作者	定价	出版日期	配套情况
1	978-7-301-13569-3	新编计算机应用基础案例教程	郭丽春	30	2009	课件、习题答案
2	978-7-301-18511-7	计算机应用基础案例教程(第2版)	孙文力	32	2012年第2次印刷	课件、习题答案
3	978-7-301-16046-6	计算机专业英语教程(第2版)	李 莉	26	2010	课件、答案
4	978-7-301-19803-2	计算机专业英语	徐 娜	30	2012	课件、素材、答案
5	978-7-301-21004-8	常用工具软件实例教程	石朝晖	37	2012	课件

电子书(PDF 版)、电子课件和相关教学资源下载地址：http://www.pup6.cn，欢迎下载。
联系方式：010-62750667，liyanhong1999@126.com，欢迎来电来信。